自然探秘系列
可怕的科学
HORRIBLE SCIENCE

地震了!快跑!
EARTH-SHATTERING EARTHQUAKES

［英］阿尼塔·加纳利　原著　［英］迈克·菲利普斯　绘　杨海涛　译

北京出版集团
北京少年儿童出版社

著作权合同登记号
图字:01-2009-4235

图书在版编目(CIP)数据

地震了！快跑！/（英）加纳利（Ganeri，A.）原著；（英）菲利普斯（Phillips，M.）绘；杨海涛译．—2版．—北京：北京少年儿童出版社，2010.1
（可怕的科学·自然探秘系列）
ISBN 978-7-5301-2346-1

Ⅰ.①地… Ⅱ.①加… ②菲… ③杨… Ⅲ.①地震学—少年读物 Ⅳ.①P315-49

中国版本图书馆 CIP 数据核字(2009)第 181508 号

可怕的科学·自然探秘系列
地震了！快跑！
DIZHEN LE！KUAI PAO！
［英］阿尼塔·加纳利　原著
［英］迈克·菲利普斯　绘
杨海涛　译
*
北　京　出　版　集　团　出版
北京少年儿童出版社
（北京北三环中路6号）
邮政编码:100120
网　址：www.bph.com.cn
北京少年儿童出版社发行
新　华　书　店　经　销
北京同文印刷有限责任公司印刷
*
787 毫米×1092 毫米　16 开本　8 印张　40 千字
2010 年 1 月第 2 版　2024 年 4 月第 55 次印刷
ISBN 978-7-5301-2346-1/N·134
定价：22.00 元
如有印装质量问题，由本社负责调换
质量监督电话：010-58572171

目录

预 告

地理学是极其令人恐惧的，但不是那种坐在课堂上，听几节地理课所感受到的恐惧，你知道我的意思……

* 岩石圈：它是描述地壳的技术术语。那是一层你在上面骑自行车的地球薄层。它来源于古希腊语中“石头”一词。

** 地震：由地球内部的变动引起的地壳震动及相关事物的术语。它来源于古希腊语中“摇动”一词。

你们的地理老师到底在讲些什么？

简单的说，他在告诉你，你现在就处在震动的地面上。就这么简单，真的！

这种恐惧的确与课堂上感受到的恐惧十分不同。实际上，是完全的不同。这种震动能把坚硬古老的地球劈开条条裂缝，捣毁人们的正常生活。但到底是什么造成了这种毁灭性的破坏？是摧毁地球的地震，没错，是它。它能把地球的面貌变得比你好多年来听过的最为滑稽幽默的笑话还要夸张。

阅读这本书你能最为直接地了解可怕的地震场景。这是你所期望的。但如果你想切身感受一场地震，那就想象这幅画面……

现在，你正舒服地蜷缩在被子里，而且很快入睡了，鼾声如雷。一分钟后，你的房间开始剧烈地震动起来。突然，你被从床上甩了出来，重重地摔到了地板上。你颤抖着睁开了一只眼睛，然后又睁开了另外一只。屋子里混乱不堪。房间里到处是书本和衣服，乱作一团。看起来你的世界好像土崩瓦解了。是什么在发出可怕的哀号？毫无疑问，你现在已经被吓得失魂落魄了，但不要惊惶。你的房间没有被地震袭击。那不过是你妈妈跺着脚上楼来，把你从被窝里拉起来的情景（然后她又对你大吼，要你把房间整理好）。我知道，那是一种可怕的经历，但你会很快从这场慌乱中恢复过来的。

本书所要讨论的主题是地震。它强大到可以在几秒钟内把一座城市夷为平地，其破坏性足以使地球裂开，比一颗原子弹的破坏力都大。地震是自然界最具有颠覆力的力量。在这本书中，你可以：

- 了解地震是如何发生的。
- 学会如何辨认地震的警示标志。

- 建造一座抗震的不会倒塌的摩天大楼。

- 试着和地震学家希德*一起预测地震的到来。

* 我就是希德，地震学家是研究地震的科学家。如果你想更深入地了解地震的知识，请跟我来！

我们这本地理书很特别，它会使你每时每刻都感到震惊。

一个骇人听闻的真实故事

1906年4月18日，一个星期三的清晨。旧金山——美国西部的骄傲——正沉睡在黎明前的黑暗中。很快黎明将降临这座城市，晨雾也会很快散去，美丽的一天就要到来。旧金山这座有着50万人口的城市很快就要繁忙起来，人们每天都照常上学和工作。但现在，大多数人家的窗帘还没有打开，一些早起的人们开始活动了。上早班的邮车司机、工厂工人和码头工人打着哈欠，使劲睁开眼睛，努力想把睡虫从眼睛里赶出去。快到起床准备工作的时间了，一切就像往日一般。

但灾难将很快降临这座城市。

凌晨5点13分，没有任何地震警告，旧金山突然发生了令人眩晕的倾斜和震动。经过大约40秒钟的震动，地震传遍了整个城市。10秒钟的间歇之后，紧接着是又一次巨大的震动。一阵巨大的、低沉的咆哮从地底下喷涌而出，然后整个城市陷入混乱之中。

地震发生在凌晨，当时街道上行人寥寥无几，只有几个送奶的工人和巡逻的警察。耶西·库克警官目睹了地震撕裂街道冲他而来的场景。

“整条街道波浪起伏，”他说，“就好像大洋里的波浪向我奔来，如巨浪般翻腾而至。”

在城里的另外一个地方，著名的意大利歌剧演唱家恩里科·卡鲁索正待在豪华的皇宫酒店里。头天晚上，他刚刚在歌剧院进行了一场观众爆满的演出。

“屋子里的所有东西都被翻了个底儿朝天，”后来他说道，“吊灯都快触到天花板了，椅子也互相碰撞起来。砰！砰！砰！简直太可怕了。到处都有墙壁坍塌下来，灰尘弥漫着整个屋子。哦，天哪，我想它可能永远也不会停下来了！”

在城市的其他地方，地震像玩弄玩具一样把建筑物“摇过来摇过去”。玻璃和窗户被震成了碎片。挂画也从破裂的墙上脱落下来。公路已经变形，有的地方高高隆起，有的地方塌陷下去。令人感到不安的是，城市里所有教堂的钟同时响起来。一位目击者说，听起来就好像是世界末日来临了。那些被吓坏了的人们，尖叫着颤抖着从床上爬起来，冲到街道上，惊慌中他们身上还穿着睡衣。他们在奔跑，拿着他们所能拿到的任何东西。有的人拿着鹦鹉或者金丝雀等宠物，那些鸟在笼子里不停地叫。有人看见一个人头上戴了3顶帽子。那些帽子是他所能找到的所有东西了。另外一个人抱着一个煤桶，好像那是世界上最珍贵的东西似的。其他的人在街道上徘徊着，或者静静地坐在人行道上。他们太恐惧了，以致都哭不出来了，更别说是说上几句话了。没有人相信眼前发生了什么。他们以前从未见到过具有如此破坏力的灾难。这不足为奇。在那个四月的凌晨，旧金山遭受到有史以来最具有破坏力的地震的袭击。

当那场天翻地覆般的震动停止下来，大地又重新变得宁静的时候，人们已经开始清理混乱的场面了。一幅令人心碎的画面映入眼帘，整个城区已经完全坍塌，或者沉陷到地下。城里的繁华区内几乎所有建筑都已被破坏。数百人被坍塌下来的石头压死，还有更多的人受了重伤。从坍塌的废墟里发出阵阵哀号。局面糟得不能再糟了，简直是糟透了。这是上午大约10时的场景，即那次可怕的初震发生 5 个小时之后。一个妇女以为最为糟糕的事情已经过去了，就开始煎鸡蛋和牛肉，准备早餐。她划着了一根火柴点上了火。然后，她惊恐地看着眼前发生的一切……烟囱被地震弄坏了，所以火苗顺势点着了房顶。短短的几秒钟后，整所木质的房子已是火光冲天了。大火像野火一般迅速地蔓延到街区的其他人家，然后是整座城市。除非立刻采取措施，不然的话，整个旧金山就会被大火所吞噬。

城里勇敢的消防队员立刻冲到现场。他们把灭火水龙带接到最近的水管上，等待着大水喷涌而出。但只有可怜的细流从管中流出，然后就什么也没有了……天哪！到底发生了什么？后来他们惊恐地发现：地震破坏了城市的水源，30亿升水慢慢地全部渗入地下。没有了水，消防队员面对冲天大火只能束手无策。他们所能做的就是眼睁睁地看着整座城市在烈焰中被焚烧。旧金山完全被地震摧毁了。

从城里逃出来的数以千计的人们，从山上临时搭建的帐篷里看到了整座城市怎样被大火所烧毁。一位被当时的场面所惊吓的目击者后来写道：

我们的脚下是一片火的海洋，头顶上的天空被炙烤得火热，变成金橘色，铺满了整个天空，发出耀眼的光。烟雾聚集成一片巨大的云，一动不动地悬浮在空中，与浩瀚的美丽的布满星星的蓝色夜空形成了鲜明的对比。随着夜幕的降临，天气开始变冷，人们在野外宿营地的空隙间来回走动，伸展他们冻僵了的胳膊。疲倦和空中落下的灰烬，使每个人的眼睛里都布满了血丝，现在人们已经十分厌恶大火了，却又对它产生了一种可怕的眷恋。

借着强劲的风势，这场可怕的大火整整烧了三天两夜。4月21日的深夜，天终于开始下雨了。还不算太迟。第二天早上，空气变得清新起来，除了几缕从闷烧着的废墟里升起的青烟外。整区整区的房子都被烧焦了，只剩下了一堆一堆的灰烬。城市变得面目全非。幸免于难仍然矗立着的建筑仅仅剩下被烧焦的外壳，往日的旧金山已经去无踪影了。

地震档案

地 点：美国旧金山

日 期：1906年4月18日

时 间：凌晨5时13分

地震历时：65秒钟

*震 级**：8.3级

死亡人数：700人

骇人听闻的事实：

▶ 这场地震是有史以来袭击美国最为严重的一场。城市三分之二的区域被夷为平地。其中28 000座建筑被震塌，包括80座教堂和30所学校，30万人无家可归。

▶ 之所以会发生地震，是因为旧金山坐落在圣安德列亚斯断层的附近，在地球表层有一条巨大的裂缝。一场发生在深层地下的地震把这个断层劈开了。

▶ 如今旧金山的规模已经发展得如此之大，如果再发生一场类似震级的地震，那将会使数以千计的人丧生，造成几十亿美元的经济损失。

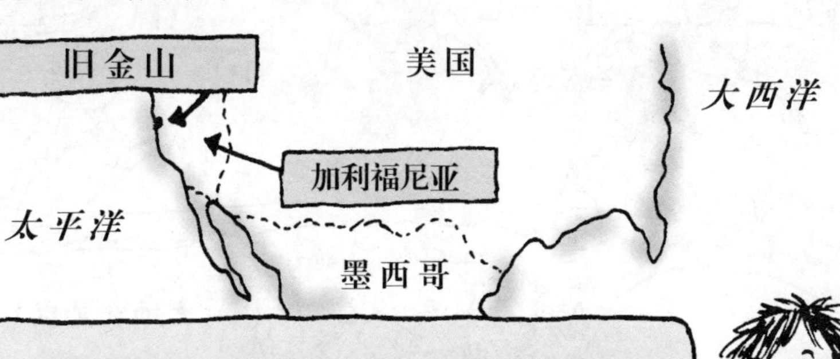

* 那是像我这样的地理学家测试地震等级的方法。8.3 级已经是一个非常令人震惊的震级了。你可以在后面的第57页找到更多的关于震级测量的知识。

在19世纪，旧金山已经从一个小村庄发展成为一个新型的、欣欣向荣的城市。毋庸置疑，人们把这座城市当成他们的骄傲。即使很多人在这场地震中变得一无所有，但他们知道他们可以把这座城市建设得更好。果然，在短短的几年里，他们又建起了一座比以前更大、更漂亮的新城。但地震的威胁仍然存在。每一个住在旧金山的人都很清楚，他们住在一块不稳固的大地上，另外一场地震会随时到来。更大的麻烦是不知道那场灾难什么时候降临。但究竟是什么使看似坚固如石的地面从裂缝处裂开？那股把一座城市夷为平地的力量到底是从哪里来的？我们暂且不考虑大自然所赋予人类那美丽的春天里的花朵和发出潺潺水声的小溪，地震是地理学中最为狂野的力量。它就发生在你的脚下……你准备好随时接受这种紧张了吗？

大陆漂移理论

正如在地震中极为震惊的旧金山市民所发现的那样，地震是极难预测的。你永远不会知道地震下一次会袭击哪儿。令人棘手的是，地震经常发生在地下深处，所以人们很难识别任何警示性的标志（你的地理老师或许长了一双火眼金睛，但我敢打赌他肯定看不透坚固的岩石下在发生什么）。多少世纪以来，地震是如此的神秘，人们编造了关于地震的许多故事，以弄清楚发生在地球内部的事情……

关于地震的几条理论

1. 北美洲的土著人认为是一只硕大的乌龟在驮着地球。每当这只脾气暴躁的乌龟跺脚的时候，就会发生一场巨大的地震。

2. 在寒冷的西伯利亚，人们认为地球是由一个大雪橇拉着的，一个叫图力的神驾驶着雪橇。问题是拉雪橇的狗身上有跳蚤。当那些被跳蚤叮咬的雪橇狗停下来挠痒的时候，地球就会颤抖和摇晃起来。

我想我们应该去洗个澡了。

3. 西非的一些人把地震归因于一个害相思病的巨人。他们相信，这个巨人抬着地球的一端，一座大山则支撑着地球的另一端，而巨人的妻子高举着天空。当这个多愁善感的巨人放下他所抬着的地球去给他的妻子一个拥抱时，你猜发生了什么？啊哈，地球就震动了。

4. 在中美洲的神话中，人们认为四个神抬着地球的四个角。当地球变得太拥挤的时候，他们就摇晃一角以警告世人。

5. 在非洲的莫桑比克，人们相信之所以发生地震，是因为地球感冒了。你可以感觉得到地球在发高烧时的颤抖。阿嚏！

6. 日本传说认为，地震是由一只生活在海里的巨大鲇鱼造成的。当这条鲇鱼入睡的时候，地球就一片和平和安宁。但当这条鱼醒来开始游动的时候，就要小心了！那就是要发生地震的时候了（那肯定是条十分不安分的鱼，因为日本是地球上地震发生最为频繁的国家之一）。

你能把那条鱼找出来吗？你是否有足够勇气去拯救地球？为了拯救地球于地震的惨痛之中，以下是你必须做的：

你所需要的：

- 一条巨大的鲇鱼
- 一块足够大的石头

你要做的：

1. 首先，你必须找到那条鱼。说起来容易，做起来难。那条讨厌的鲇鱼喜欢把自己埋在淤泥里，只露出脖子以上的部分，它活动在海底。赶快打理你的行装吧——日本是捕捉那条鲇鱼的最佳地点。再见！

2. 找到一块大石头（我的意思是，一块足够大的石头）。你或许需要一个帮手来抬这块巨石。你知道哪个家伙会如此疯狂地愿意帮你去捉那条鲇鱼吗？

3. 把你的那块巨石压在那条鲇鱼的头上，让它老老实实地待在海里。这听起来很残忍，但却能让地球不再发生地震。虽然这样你会面对一条满腔怒火的老鲇鱼。

备忘录：为什么不请一个仁慈的神来帮忙呢？日本人相信，只有神有足够的能力制伏那条脾气古怪的鱼。只是当这些天神们去度假的时候，地球才会发生地震。

飓风事件

如果你相信那些传说，你就会认为地震是由一条头上顶着一块巨石的鲇鱼引起的。这听起来十分可疑。但还有一些令人匪夷所思的奇谈怪论呢！嗯，下面我们就来听听他们是怎么说的。

古希腊思想家亚里士多德（公元前384—公元前322）也有一个关于地震发生的理论。他把地震的起因归结于，嗯……嗯，归结于一阵飓风。是的，是一阵飓风。亚里士多德认为，地震是由突然刮起的大风引起的，这场大风从深藏于地下的风洞里喷涌而出。很明显，风洞把空气吸入腹中，在洞中把空气加热，然后喷射出来，就像一个巨大的震耳欲聋的响屁一般。（我敢打赌，你的老师肯定没有告诉过你这一点。）

但如果地震不是归因于那些陈腐的飓风、脾气暴躁的鲇鱼和多愁善感的巨人的传说的话，那到底是什么引起了地震呢？一些宗教领袖说，地震是上帝惩罚人们罪行的方式。如果人们自己悔改他们的恶行，地震就会停止。道理就这么简单（不管是真是假，这确实是一个让人们行善的好办法）。一位老妇人还有另外一个理论。当1750年伦敦被地震袭击时，她认为地震是由她的仆人从床上掉下来引起的。

更为可怕的是，连地理学家也在这个问题上犯错。18世纪60年代，英国的地理学家约翰·米歇尔准确地作出地震是由巨大的冲击波穿行于岩石所致的结论。但他同时也错误地认为地震是由地底下巨大的烈火所喷发出的蒸汽导致的。

说实话，可怕的地震一直困惑着地理学家。而且这种状况或许还将持续下去。幸运的是，一位伟大的德国地理学家阿尔弗莱德·魏格纳（1880—1930）毅然决定要打破沙锅问到底，即使这样做会动摇已有的关于地震的理论。下面就是他关于地震的故事。

重量级人物

还是一个孩子的时候，魏格纳就花费大量的时间凝视太空。这令他的父母十分生气。他们觉得小魏格纳是在浪费时间，这样的话，他将会一无所成。但是这个凝望星星的孩子却证明他们是错误的。他以优异的成绩从学校毕业，进入了大学学习天文学（那是研究外太空的时髦术语）。童年里观察星星的经历最终派上了用场（下次当老师发现你上课朝窗外发呆时，何不把小魏格纳的故事当做一个理由呢）。

但即使是外太空，也不能让具有冒险精神的魏格纳感到满足。他另一个很大的兴趣是观测大气气象。对他来说，越是暴风雨的天气就越好。1906年，他为了研究风而向格陵兰岛进发了。这或许不是你所喜欢的，但魏格纳是如此迷恋，以至于他在1912年、1929 年和1930年又再次登上格陵兰岛。当他没有外出旅行考察的时候，他就在大学里教授气象学和地理学。嗯，是的，魏格纳是个十分聪明的家伙。

即使是魏格纳忙于教学的时候，他也一直在思考其他的事情（你的地理老师是否也如此呢）。他非常想弄明白地球是如何运转的。晚上，他经常匆匆赶回家，把他关于地球运转的想法快速地记录在笔记本上。下面就是他笔记本的内容……

我的机密记事本

阿尔弗莱德·魏格纳

1910年的一天……

我兴奋得跳了起来。这是一个极其美妙的想法。它苦苦萦绕在我脑海里已经好几个星期了。这个想法在我把格陵兰岛的地图拿给学生看的时候突然在我的脑海里闪现出来，我发现这是一件十分奇怪的事情。嗯，对，南美洲的东海岸看起来能和非洲的西海岸完美地对接起来，就像一个大型锯齿的两边！但这是怎么形成的呢？在我还能控制得住自己的时候，我先撕块报纸来验证一下我的想法（我已经决定了不把这件事告诉任何人，万一我错了怎么办呢）。

第二天……

成功啦！成功啦！就像我昨天所说的那样，我撕了块报纸。你猜怎么着了？两块碎片完全吻合。这太神奇了！

你几乎看不到接合点。但要证明我的想法还有很长的一段路要走。我的意思是，如果那两块大陆能很好地对接起来，那它们是如何漂离得这么远的呢？我真想揭开这个谜。

一段时间后……

我成功了！我想这次我真的成功了！可以说，这是一个令人震惊的思想。就是我所想的那样。顺便说一下，我已经把我的想法建立在最近一次格陵兰之行上，我发现一些冰山漂向大海。那些冰山真是迷人。但那是另外的事情了（很抱歉，我的草稿还有些粗糙）。

1. 最初，现今所有的几个相互隔开的大陆（包括非洲大陆和南美洲大陆在内）是一整块联合在一起的古陆地。我把它称为泛大陆（那是古希腊语“所有的土地”的意思）。我猜想泛大陆被浩瀚的大海包围着。

2. 泛大陆分裂成两块大陆……

3. 然后这两块大陆又分裂成许多小的大陆，开始缓慢

地漂流起来……经过漫长的时间，这些大陆就定格在我们今天的这个样子上（包括非洲大陆和南美洲大陆）。这个想法是不是很聪明，嗯？

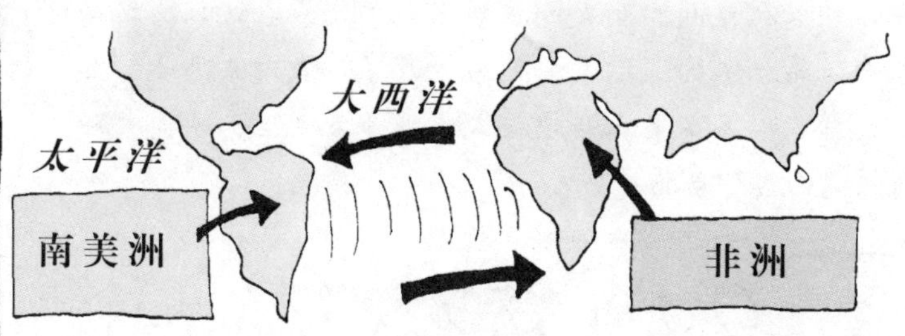

注释：我把我的新理论称做“大陆漂移学说”。我知道这听起来有点令人厌烦，但它暂时还是起作用的。令人讨厌的是，我还不能正确地解决是什么力量使大陆漂移的，但不用担心，或许现在该检验检验那些可爱的冰山了。

两年后……

我现在整天忙于我的新理论的演讲，以至于我没有时间来做笔记了。如果我早知道这是一次基础不稳固的旅途，我将会一如既往地继续我的教学事业。这实在是太令人沮丧了。问题是没有一个人相信我。根本没有一个人。他们说我虚构了整个事件，正好它们又十分巧合。哼！看吧，如果我愿意，我将证明给他们看我是正确的。而且，我能证明给他们看。准备好了吗？

我的证据

1. 中龙是生活在石炭纪的一种爬行动物。现在它们灭绝了，但你可以在非洲和南美洲找到它们的化石。这证明这两块大陆曾经是一体的，后来它们又分开了。我的意思是，如果不是这样，你怎么能在两块被大海隔开数千里的不同大陆上找到相同的爬行动物遗骸？

2. 两块大陆上的岩石是相同的。你可以在非洲和南美洲大陆上找到相同的岩石。它们源于相同的年代，是同样的类型。实际上，它们是完美的一对。你不可能在世界的其他地方找到这么相似的石头。所以可以说它们是十分可靠的证据。

3. 天气也是另外一个十分重要的线索。煤炭是在数百万年前形成的，而且只有在温暖潮湿的环境中才有可能形成。所以你会认为，南极洲上没有煤炭。你错了！人们也在冰天雪地的南极洲发现了煤炭，证明那个地方曾经也是温暖潮湿的……

你也可以发现相反的事情。非洲和南美洲的一些岩石被小块的、形成于久远时代的古冰川覆盖着。所以你可以发现，在很久以前，这些大陆离南极比现在近得多了。

我们去非洲吧。那里温暖又美丽。
哈！如果这些都不能证明我是正确的话，我就立刻去格陵兰岛再也不回来了！我发誓！
也许我还需要一件毛衣。

一个令人心碎的故事

令人伤心的是，这件事真的发生了。1915 年，魏格纳把他的想法写进一本书里，叫做《大陆和海洋的起源》。科学是相当乏味的，但那本书引起了轰动。可是还是没有人相信曾经有过那样的一个世界（嗯，它的标题有点单调沉闷了）。许多一流的地质学家把魏格纳的理论斥为思想的垃圾。其中一个人说：“那简直是十足的令人厌恶的胡言乱语！”另外一个说他在“肆意对待我们的地球”（说实话吧，他们可能希望他们自己也想出这个设想）。对于魏格纳来说，主要的问题是，他一直还不能寻找出是什么使大陆漂移的。因此他只能证明到脸色发青，累得说不出话来，而这些证明也只是一文不值。魏格纳感到十分失望，1930年，他再次向格陵兰岛进发。那次之后，人们再也没有看到过他……

……这意味着在他有生之年，他没有看到他的理论被科学家最终接受。魏格纳死后多年，他的大陆漂移学说完全被人们遗忘了。直到20世纪60年代，研究深海的科学家有一个轰动性的科学发现，证明了魏格纳的理论是正确的。他们发现，一些海床板块在相互分离，还伴随着赤热的岩浆流从裂缝里渗出的现象。当岩浆流遇到冰冷的海水时，就冷却下来，变得坚硬起来，形成了海底巨大的山脉和火山。换句话说，海床在扩张。但为什么地球没有随着海床的扩展而变得越来越大呢？那些渗出岩浆形成的岩石跑到哪里去了呢？科学家们很快找到了答案。他们发现，在其他的一些地方，一块海床被压入另一块海床的下面。那些岩石又被熔化进了地球内部。你猜猜发生了什么？熔进地球内部的那部分正好和从地球内部渗出的那部分抵消了。这意味着地球始终保持着同等的大小。海床和大陆都是围绕着地球的坚硬的岩石圈的一部分，这层岩石圈叫做地壳。如果地壳的某一块移动了，它就推着其他的板块也跟着移动，就像它是处在一条巨大的传送带上似的。所以，当海床在移动的时候，大陆也必定在移动。魏格纳从一开始就是正确的。大陆确实是在漂移。

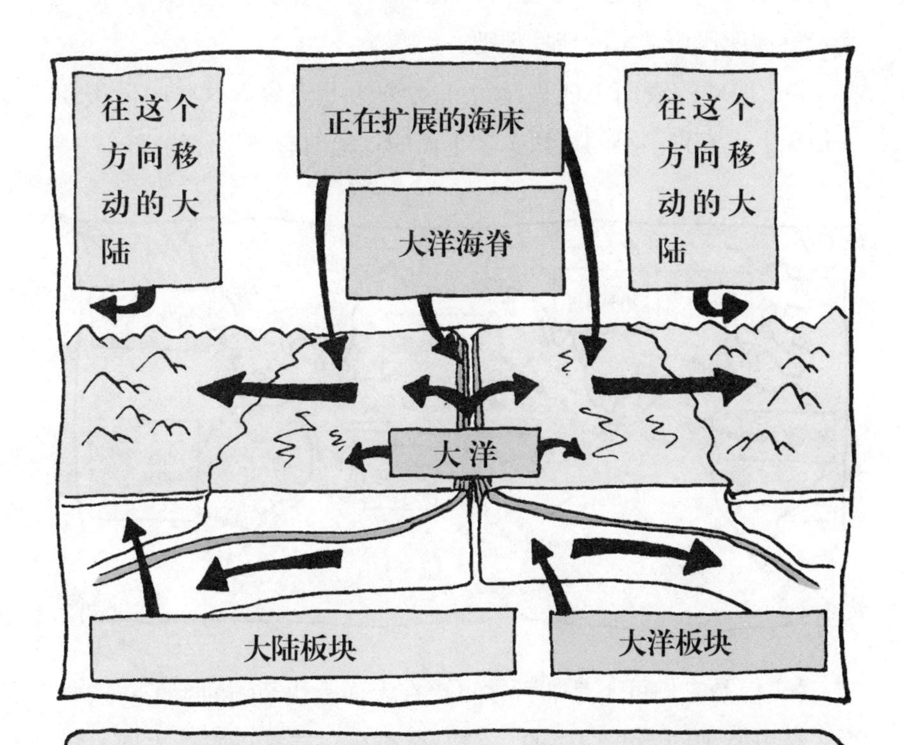

科学家们不再把这个理论称为“大陆漂移学说”了。他们把这叫做“板块构造学”（这个词源于古希腊语“建造”一词）。他们觉得这样更生动。你认为呢？

到底什么是地震?

你或许会问，这个学说与地震到底有何相关呢？嗯，下面我来告诉你现代科学家的新发现吧：

▶ 地球的表面（叫做地壳）被分为七大块，这些叫做板块（地球上也有许多小的板块）。下面的这幅图有利于你的理解：

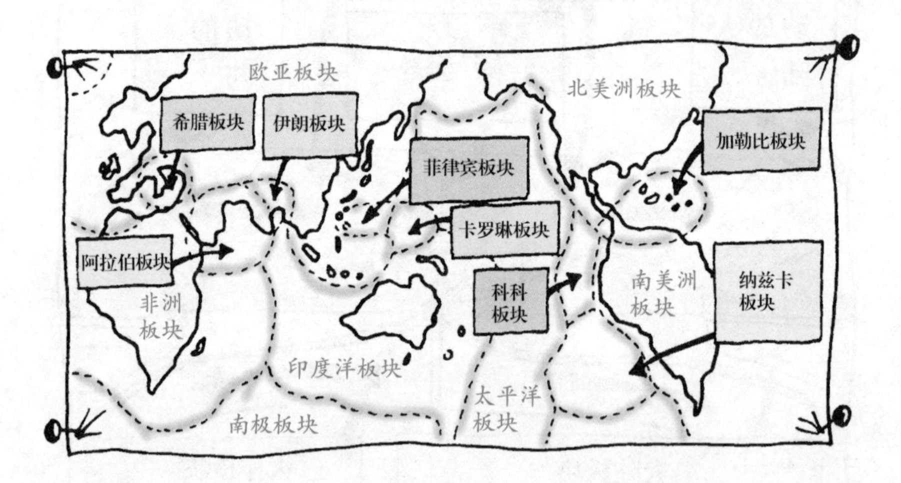

▶ 但是它们可不是那种你可以在上面大快朵颐的盘子。这些板块是由坚硬的岩石构成的，它们浮动在一层炙热的、柔韧的物质上（这叫做地幔）——这有点像湿软的胶泥。

▶ 从地球中心（地心）发出的热量使板块移动。（这就是困倒可怜的魏格纳的难题，记住了吗？）你不可能从地球表面看到这些层面。下面我们对地球来个X光透视……

地壳： 地球的岩石表面。它就是你每天所踩在上面的那层。在大陆上它大概有40千米厚，而在海床上则只有6～10千米厚。

板块： 地壳分为几个板块。就像被你用勺子猛然敲击的熟鸡蛋壳一般。

地幔： 地壳下面黏热的厚层。那个地方很热，以至于岩石都熔化了。板块就漂浮在地幔之上。它大概有2900千米厚，那里的温度有1980℃。

内核： 地球的核心。它是铁镍混合物的坚硬球体。那里奇热无比，但内核没有熔化，是因为其他地层压迫的原因。从地心发出的热量顺着地层传上来，搅动着地幔。这种搅动使地壳随时准备震动。内核有2500千米厚，那里的温度高达4500℃。

外核： 一个沸腾的金属流体的地层，2200千米厚。

▶ 发生地震的板块一直在移动，就在你的脚下。但对于你来说，它们移动得非常慢，通常情况下，你一无所知，这足够幸运的了。否则，你每天上学可能会变得十分有趣。想想吧，如果地壳移动太快的话，你或许永远到达不了学校……

▶ 当板块在漂移的时候，它们经常相互碰撞。这有点像在游乐场开碰碰车一般。当你左冲右撞想超过别人的碰碰车时，你就会被重撞一下，直到你们其中一方先让道。这些板块互相碰撞推挤，使地球内部变得十分拥塞。（你可以在家里拿两块砂纸试验这种情况。拿着带砂的两面，让它们互相从对方那里划过。能吗？）多少年以后，地球内部的压力逐渐增大，使岩石承受了非常大的张力。某个时候，它就会爆发出来：地球板块猛然裂开，大地强烈地震动起来。这就是地震发生的原因。

你能区别下面的不同点吗?

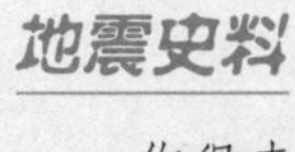

你很幸运你没有生活在月球上。在1969年和1977年之间，地震仪*在月球上每年可以捕捉到3000起月震。大多数的月震是由撞向月球表面的陨石引起的（它们是非常巨大的太空岩石）。如果你想知道为什么在月球上有地震仪的话，我来告诉你，那是在月球上行走的宇航员放置的。

* 地震仪是用来测试地震的科学仪器。

地震知识快速问答

你的地震知识是不是都是吹嘘的呢？是很牢固的还是很不扎实的？来试试下面的小测验，检验一下你的知识水平吧。如果你觉得这些题太难了，那就向你的地理老师求助吧。这也许会令她十分恐惧。

1. 每年在地球上发生多少起地震？

a）大约100起　　b）至少500万起　　c）大约10起

2. 较长的地震持续了多长时间？

a）4分钟　　b）1小时　　c）30秒钟

3. 最具有毁灭性的地震曾经袭击过哪里？

a）日本　　b）中国　　c）意大利

4. 在多远的地方能感觉到地震？

a）在邻镇　b）在邻国　c）在邻近的大陆板块上

5. 地震多长时间袭击英国一次？

a）从不　　b）不是很经常　　c）比你想象的多得多

答案

1. b）。信不信由你，每年大约有500万起地震袭击地球。大约每30秒就有一场地震发生。但幸运的是，大多数的地震都不是很强，甚至连个杯子都晃动不了。只有少量数百起的地震能够震动地面上的物体。大约才有7～11起算得上真正的地震。

亲爱的，小心你的茶杯。地震又来了。

2. a）。1964年3月袭击阿拉斯加的那场可怕地震持续了4分钟。4分钟足够你从学校返回到家里，拿一罐汽水，打开电视机，坐在你舒适的摇椅上。但对于从地震的严酷考验中生存下来的人来说，这4分钟肯定长似一生。那场地震是人类有史以来最强烈的地震之一。大多数地震只持续不到1分钟时间。当你打开汽水之前，地震就会停止了。但就地震而言，即使是少于1分钟的震时那也相当长了。

地震什么时候结束啊？

3. b）。等级越大的地震伤亡的人数往往也就越多。专家估计，1556年1月发生在中国陕西的一场地震致使83万人死亡。那是历史上最具有毁灭性的一场地震。许多人生活在窑洞中，地震中那些窑洞坍塌了，困住了窑洞中的人。

4. c）。1755年11月1日发生在葡萄牙里斯本的大地震是欧洲历史上最为严重的地震。人们在汉堡甚至是离里斯本大约有2500千米远的海角——佛得角都可以感觉到地震。那场地震持续了6~7 分钟，这在地震史上是相当长的震时了。

5. c）。如果你生活在美国的加利福尼亚或者日本，你就很有可能会经历一场地震。但这并不是说英国就可以幸免于难了。难以置信，每年有300多起或者更多的地震光临英国。很幸运的是，大多数地震都太微弱了以至于人们都感觉不到。但也不尽然。1884年4月，英国的柯彻斯特城遭到了一场大地震的袭击。当那场中等大小的地震袭击柯彻斯特城的时候，数座教堂尖顶坍塌了，造成了400多间民房倒塌。在附近的村庄里，数百个烟囱倒塌了，但没有人员伤亡。1996

年，当地震袭击什罗普郡时，也无一人受伤，但有一只仓鼠被从笼子里摔了出来。可怜的家伙！

作为一只仓鼠，生活真是太令人讨厌了！

可怕的健康警告

地震给你的健康带来严重的损害。在20世纪里，虽然地震发生的时间加起来没有超过1小时，但地震杀手已经夺去了200多万人的生命。***不要惊慌***。你被流感感染的机会比遭遇地震的机会大得多了。现在还紧张吗？与其坐在那里像筛糠般颤抖，不如赶快阅读下一章关于地震的知识呢！它将告诉你哪些地方最有可能发生地震，你也就知道了哪些地方可以躲避灾难……

谁的错

有些地方比其他地方更暗藏杀机。就拿你的教室为例吧。想想躲在门后的那些令人恐怖的东西吧：地理书、地理考试，还有更糟糕的——地理老师。太恐怖了。现在设想你在度假。在温暖的、碧蓝的海水里泡个澡后，你正在沙滩上歇息（你还能找个更好的地方吗）。这和饱受压力的地球十分相似。有些地方很少受到地震的侵扰，地震对那些地方退避三舍，而另外一些地方则是地震重灾区。一场致命的地震也许离你仅有几秒钟的路程。哪里是地震多发区呢？

地震类型快速入门

还记得地球上的地壳是如何分裂成板块的吗？好，你会发现，地球上大多数的地震活跃区都是两个板块相遇的地方。实际上，95%的地震都是这么发生的。地震的类型取决于板块如何活动。下面就来听一听地震专家希德给我们做的快速讲解吧。

嘿，我是希德。判断地震其实非常简单，一旦你懂得了板块理论。将两个坚硬的板块放在一起，你就会明白了……

1. 板块分离

在一些地方，你可以看到两个板块正在分离。从地幔渗出的火红的岩浆流填满了海沟。往两边的推力造成了一些小地震。你可以把它们叫做海震（它们发生在海床上）。这些地震大多发生在海底，远离大陆。所以它们对人类不造成什么损害。当然了，除非你是海里的一条鱼……

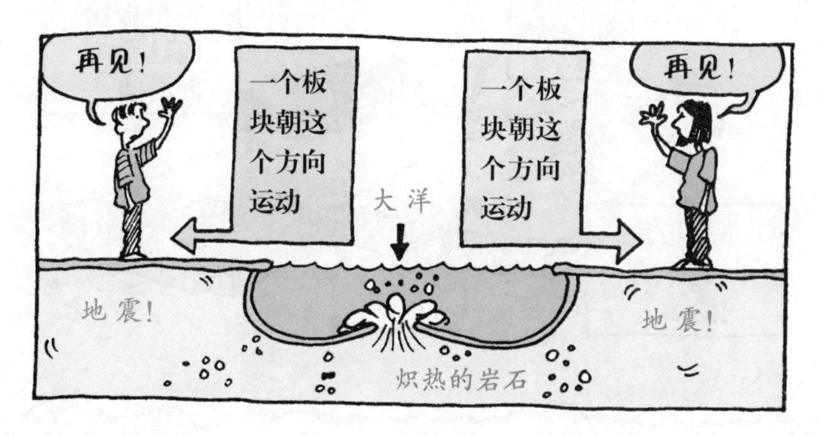

2. 板块嵌入

在一些地方，你可以发现两个板块在巨大的冲撞中迎头而来。一个板块嵌入了另一个板块的下面，嵌入部分的岩石就熔化进了地幔里面。如果你计划在海边度假就需要小心了。虽然很缓慢，但海床很有可能正在嵌入大陆。这有可能会引起最为严重的地震。

3. 板块滑动

在某些地方，有两块前进的板块都想推开对方往前走。如果它们相互之间滑动得很平和，可能会发生一些小地震。它们是不值得担心的，也不会造成什么损害。但如果一块板块突然发力，就需要注意了。你就有可能遭遇一场真正的地震了。

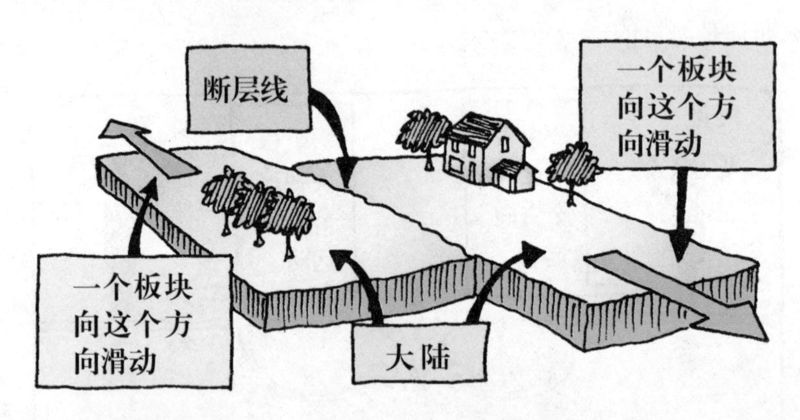

地震史料

如果你喜欢刺激的生活，何不跳进一只小船向太平洋进发呢？那里美丽、温暖，海天一色。但要小心，致命的危险深藏在海底。环太平洋海岸的大陆是地球上发生地震最为频繁的地方。这是巨大的海床板块嵌入大陆的地方，经常发生大地震。实际上，全球3/4的地震都发生在这里。你现在还想去吗？

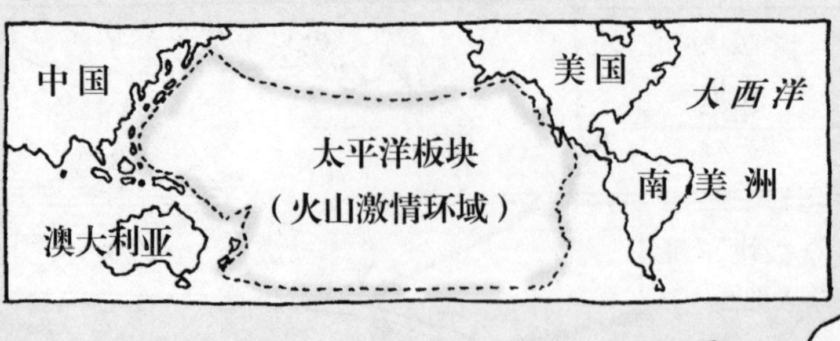

考倒老师

如果你想让你的老师大吃一惊，就礼貌地举起你的手，向他（她）问下面这个听起来并无恶意的问题：

这是不是一个恶作剧的问题呢？

答案

其实密西西比河并没有倒流。在1811—1812年的冬天，美国的密苏里州遭到美国历史上3场最为严重的地震的袭击。每场地震的震距都达到了1600千米。地震使密西西比河的流向完全改变了，开始向北流而不是向南流了。难怪鱼儿们变得焦虑不安了。

不光是鱼儿们大吃一惊。地震使每个人都大吃一惊。你知道，密苏里州是地球上你所能想到的发生地震的最后区域了。它远离板块的边缘。地震学家现在认为，大约有5％的地震发生在板块的中部，或许是沿着古时地震留下的裂缝吧。问题是，人们还不知道这些裂缝在哪里。

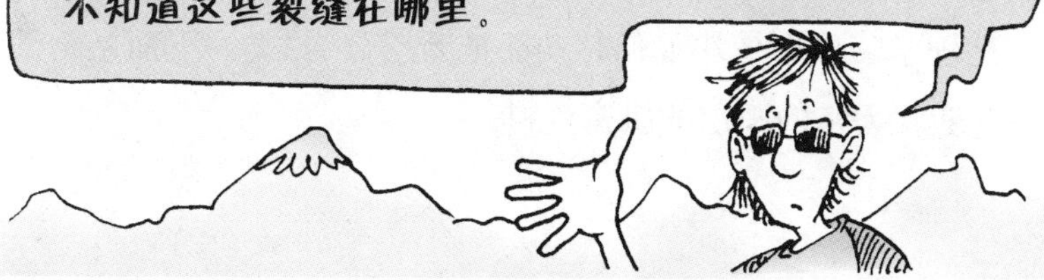

寻找断层

当你的地理老师在喝下午茶的时候，敲开办公室的门，编造一个像下面这样的借口："老师，当我离开学校的时候，我想成为一个地理学家。请问我的地理是不是需要很好呢？"当她回答你的时候，偷偷地仔细看看她所用的茶杯。它是不是有很多裂痕了？一次猛烈的敲击能把它敲成碎片吗？（如果你想在放学休息时间做多余的家庭作业的话，你不妨试试此招。）

很有趣的是，饱受压力的地球有点像你老师的那个裂痕斑斑的旧茶杯。为什么这么说呢？地球的表面覆盖着数百万个小板块。

最深的裂缝是两个板块交汇的标志。当然了，地理学家不把这些裂缝称为裂缝。他们想起事情来要枯燥得多。那些裂缝的专业术语是断层。但它们不像爸爸妈妈要你擦干你的鼻涕时，被你截断的鼻涕河。不是那种。这些断层是地球地壳很难辨认出的标志，就像你老师茶杯上的裂痕一样。压力不停地集聚，这些断层处的岩石突然折断，爆发出地震。

地理学家依据板块如何移动而把断层分为3类。下面是希德区分这些变化无常的断层的机密资料。

希德关于地震的笔记本

1. 正断层。密切注意两个脾气暴躁的板块正在相互远离。它暴露了自身的标志是一个滑动的板块嵌入另一块的地方。

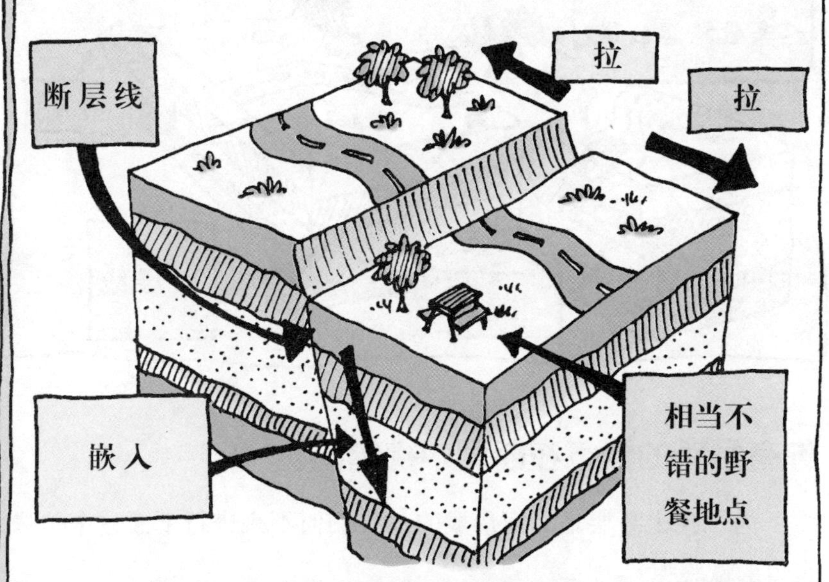

2. 逆断层。这次你把两个板块相互挤压。当一块板块开始滑动到另一块板块上方时，地表就变得崎岖不平了。

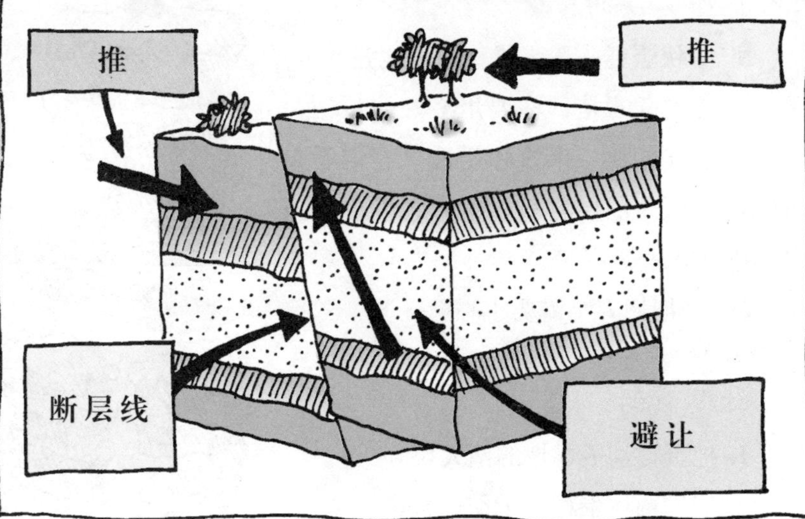

3. 平移断层。这发生在两个板块互相滑过对方的地方。一个往这个方向滑动。另一个往相反方向滑动，让人难以置信。这意味着曾经连接在一起的篱笆或者公路再也不会是一个整体了。

你有足够的勇气在断层中挑错吗？

为了找出断层是如何形成的，我们何不来进行下面这个美味可口的试验呢？

你所需要的：

▶ 一块蛋糕（用来代替地球地壳。）

需要注意的是：你要用最好的蛋糕，它们应该有软糕、果酱和奶油。它们看起来像地壳的一层层岩石。嗯，它们也应当很美味可口。

▶ 一把切刀（需要小心啊。）

你要做的：

1. 把蛋糕切成黏性的两大块。
2. 把这两块蛋糕挤压在一起。

3. 现在把其中的一块朝你的这个方向拉，而把另外一块朝相反的方向推，以使它们能错开。祝贺你！你已经演示了平移断层是如何运作的了（嗯，算是吧）。很简单，是不是啊?

4. 现在开始吃蛋糕吧。很好吃！

附疾病备忘录：你也可以把这个试验应用于其他两种类型的断层上。但如果你吃掉了所有的蛋糕而使你十分的不舒服，可别怪我啊。

断层——骇人听闻的事实

1. 地球上最为出名的断层穿过阳光明媚的加利福尼亚蜿蜒蛇行。在这个地方，地球完全被沿着裂缝分割开了。这条疯狂的裂缝被称做圣安德列亚斯断层，现在它随时都能把加利福尼亚震个底儿朝天。

2. 从空中鸟瞰，这条断层看起来就像划过地表的一条令人恐怖的伤疤。它大约有1500万~2000万年之久，长1050千米，还有许多小的断层从其分裂而出。无疑，加利福尼亚处于紧张状态。加利福尼亚每年经受20 000多起地震。

鸡蛋商店
我必须搬到一个稳当的地方！

3. 变化无常的圣安德列亚斯断层是北美洲板块（位于东部）和太平洋板块（位于西部）相碰撞的标志。这是一个平移断层（还记得这个词吗），这说明北美洲板块和太平洋板块互相挤压。实际上，这两个板块是沿着相同的方向滑动的。但太平洋板块比北美洲板块移动得快得多，所以看起来就好像它们是朝着相反方向运动的。

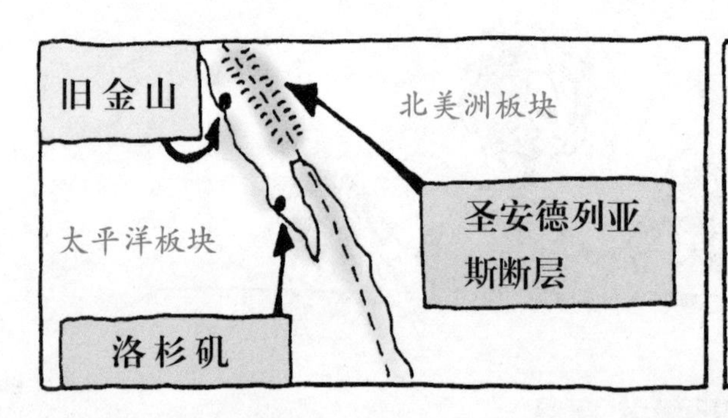

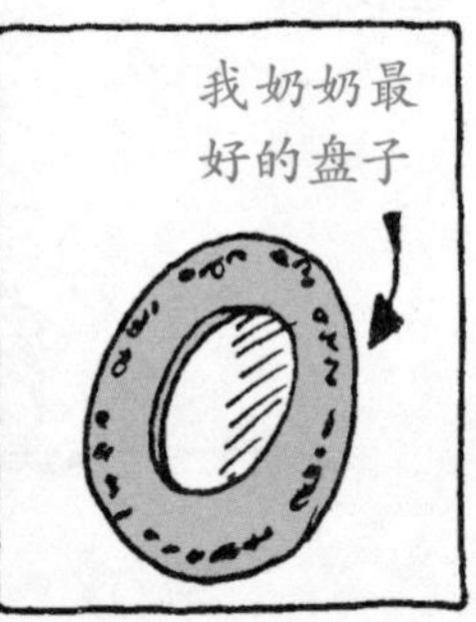

4. 在大多数的时间里，北美洲板块和太平洋板块平稳地移动，只爆发一些微弱的地震。地理学家称之为板块蠕动。但有些时候，板块突然挤压起来。压力在逐渐地增加、增加……直到一个板块在压力之下坍塌，而另一个则向前猛烈颠簸起来。

5. 你或许会认为，聪明的人们会更愿意生活在比较稳固的土地上。但你错了，完全错了，如果与明星交往是你的喜好，那就去洛杉矶吧（好莱坞之乡）。大约有1450万人生活在这座城市里，那里是一个离圣安德列亚斯断层十分危险的距离。实际上，另一个大城市旧金山也坐落在圣安德列亚斯断层的顶端。正如你所知道的，旧金山也是地震多发地。还记得1906年的那场伤亡惨重的地震吗？

6. 地震学家说断层最为脆弱的地方是南端和北端。它们已经积蓄了好几个世纪的危险了。它们现在随时都会达到爆发点……然后灾难一场接连一场。就像它们以前所发生的那样，地震又再次袭击了旧金山……

环球日报

1989 年10 月18 日，美国加利福尼亚州旧金山

地震中摇曳的城市

旧金山惊慌的居民还未从昨天地震的惊吓中摆脱出来。自从1906年的大地震发生以来，这场震级达到里氏7.1级的地震是袭击旧金山最强烈的地震。旧金山再一次被严重毁坏了。

地震在傍晚时袭击了旧金山，那时正逢下班高峰。成千上万的人都下了班，走在回家的路上。高速公路上交通阻塞。步行者也挤满了人行道，有的在互相交谈，有的则停下来喝杯啤酒。在烛台足球公园，比赛正如火如荼地进行。旧金山巨人队正在和奥克兰队进行美国大联盟冠军赛比赛。62 000个座位的体育场座无虚席，球迷们都为他们的球队大声欢呼喝彩。总之，就如我们繁忙而平常的生活的每一天。

然而，在下午5点零4分，灾难袭击了这座城市。在旧金山南部的圣克鲁斯山脉——圣安德列亚斯断层的一部分——在几个世纪的重压之后突然断裂。

一条40千米的裂缝撕破了大地。短短的6秒钟之后，地震波就到了旧金山……

突然断裂

在15秒钟内，地震就把旧金山彻底震毁了。那15秒钟就像永远定格在那里了。

颤巍巍的开局

报道表明，死亡人数达到了68人，但数以千计的人受伤或失踪。整座城市里的建筑都坍塌了，变成一片废墟。1.5千米长的公路被折断，变成两截，驾车的人被甩到路基下。城市的其他地方，无数的民房和商店被夷为废墟。

城中遭受损害最严重的地区是环海湾地区。那些建立在填海造地的土地上的房子和公寓都沉到了软质的土地里。冒着极有可能发生余震的危险，城市的应急系统立刻开始清理街道。他们的建议是，每个人立刻回家，关掉煤气（以免发生火灾），备足食物和开水。

现在，从碎石堆中救护受伤人员的艰苦工作真正地开始了。

清理城市将会耗时多年。重建人们破碎的生活则需要更长的时间。但旧金山的居民意识到，他们这次已经很幸运了。他们知道结果可能会更坏，比现在坏得多。一段时间里，地震学家已经预测了一场大地震。但没有人知道这场地震是否是他们预测的那场。另一场更加强大的地震可能很快就要来临。但人们并不在意这些，很多人乐于接受现实，这是很冒险的。如果你问一个妇女是否愿意离开这个城市，她会告诉我们：

“我为什么要离开呢？这里是我的家。无论如何，我已经从最后一场地震中幸存下来了，不是吗？谁知道下一场地震会在什么时候发生呢？”

回到温暖的家

只有时间会告诉我们……

地震档案

地 点：美国的旧金山

日 期：1989年10月17日

地震时间：下午5点零4分

震 时：15秒钟

震 级：7.1级

死亡人数：68人

骇人听闻的事实：

▶ 城市的主要高楼大厦倾斜了几米，但没有倒塌。地震给城市带来了巨大的经济损失，造成了近600万美元的损失。

▶ 在地震后的一年中，在旧金山附近就有7000多起余震发生。其中有5起地震的震级超过了里氏5级。

▶ 对于如此巨大的地震来说，旧金山死亡的人数还是比较少的。这得益于良好的城市应急救援系统（包括救火队员、警察和救护车）。在像旧金山这样的城市中，应急救援系统训练有素，时刻准备着对付地震的袭击。警报声给他们20秒的提醒时间。20秒钟虽然很短暂，但这足够救援者和救援器械以最快的速度到达地震现场。

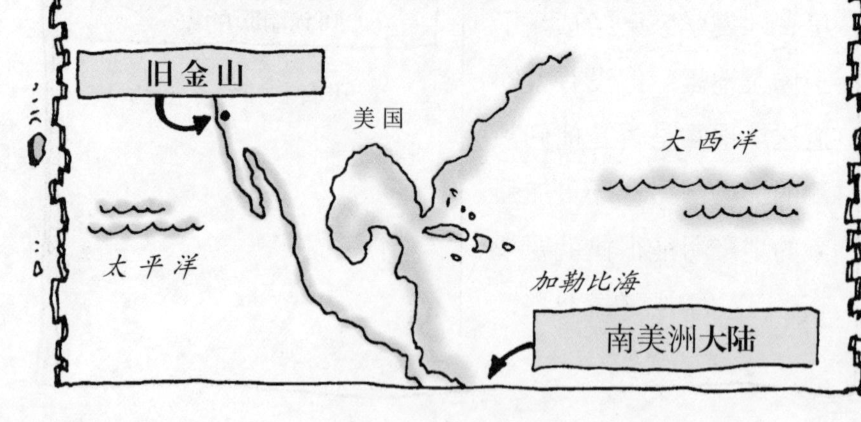

如果你还处在震惊之中，那我现在给你提个醒，让我们进入下一章吧。这本书已经有个令人战栗的开头了，可是事情还会变得更坏。你有足够的勇气吗？现在让我们挥手告别震裂性地震这一章，进入下一章吧。

地震波

设想一下另一个情景。这次你不是在家中的床上，而是坐在教室里，正在打盹呢。突然，大地开始摇晃起来。你猛然惊醒了。窗户在不停地颤抖，你的牙齿也在上下打战，书本和铅笔到处飞舞……到底发生了什么？不要紧张。你感觉好像是遭到了地震的袭击，但很幸运的是，地震并未降临。那仅仅是你的地理老师看见你睡觉，勃然大怒而已。

真实生活中的地震比这要令人惊愕百万倍（如果你可以想象得出来的话）。信不信由你，地震所带来的肆意破坏和混乱来自于一种地震波。

到底什么是地震波？

地震波不是你在大海里劈波斩浪时所看到的那种波浪。那种波浪会让你在游泳或弄翻了你的独木舟时浑身湿漉漉的。而地震波并不是湿漉漉的，也不会受风的影响。毫无疑问，你被我说的迷惑住了。现在就有请我们的地震专家希德先生……

但如果地震波不是如海浪般潮湿的，那它们到底是什么呢？

地震波是能量极为巨大的波。不要紧张，我来给你们讲解讲解。经过漫长的岁月，地下岩石中的压力越聚越大，直到有一天它们猛然发作，就像圣诞节里巨大的爆竹声。那些久被压抑的能量跑到哪里去了呢？它们通过巨大的、颤动的波穿过岩石爆发出来。那就是它们的去处。你看不见这种地震波，实际上你也感觉不到它们……直到它们抵达地面，给大地带来一场巨大的地震。

简直不可思议！我们还能了解地震波的其他信息吗？

嗯，起初，地理学家们发现了好几种不同的波。当时，地理学家兴奋得不得了，并给它们起了枯燥的名字。很糟糕，是不是？想知道这些地震波的名字吗？真的想知道吗？好，下面就讲给你们听……

1. 地球内部的地震波

这些地震波穿过地球的内部，直到它们到达地表。

▶ P型波。这种类型的地震波使某些岩石受到挤压，而另一些岩石则被拉抻，就像一个巨大的弹簧。你用力把一只弹簧往下压，然后再嗖地放开它。弹簧又恢复了原状。这与岩石受到外力的情形十分相似。“P”字母代表“最初”一词，因为P型波是最先到达地面的。嗯，我已经告诉过你了，这些地震波的名字很枯燥的。

▶ S 型波。这种波以波浪的形式穿岩而过，就像你拿着绳子的末端用力甩动一样。“S”代表“第二”一词，猜猜为什么呢？因为这种类型的地震波是尾随着P型波而到达地面的。

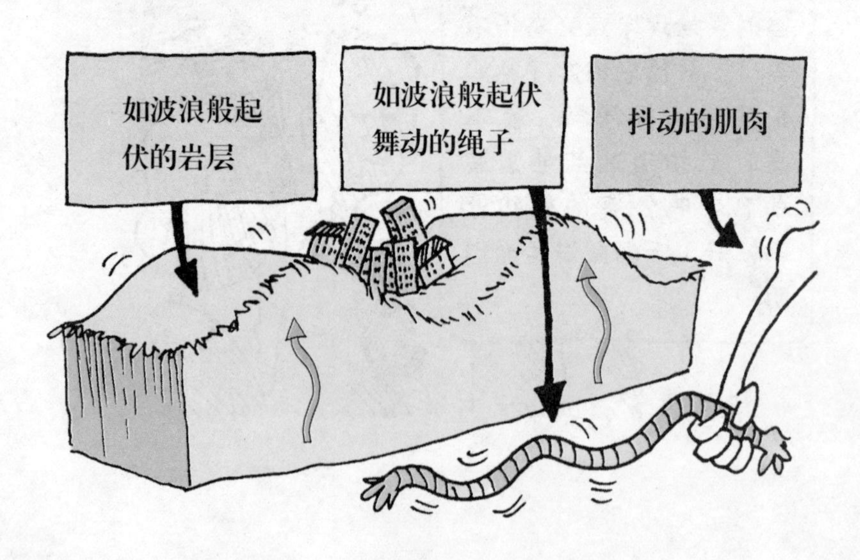

2. 地表波

地表波沿着地表而行，使地面上下震动。

在过去，以地理学家的名字命名地震波十分风行。我知道在你看来这并不算酷，但那时人们却以为是巨大的荣耀。两种最为著名的地震波被命名为洛夫和瑞利，这是两位著名地理学家的名字。

▶ 洛夫波。这是以英国地理学家A.E.洛夫（1863—1940）的名字命名的地震波。他是在牛津大学做教授时发现这种地震波的。洛夫波使岩层左右摇摆。

▶ 瑞利波。这是以约翰·斯特拉特·瑞利男爵（1842—1919）的名字命名的。瑞利男爵十分富有，在他的豪华庄园里有他自己的私人图书馆。他也是剑桥大学的物理学教授。他小时候虽然是个身体虚弱的孩子，却拥有超人的智力。他根本不需要上学（你有这么幸运吗）。他富有的爸爸给他聘请了一位家庭教师，所以他能在家中完成他的学业。瑞利喜爱科学和数学（你也许觉得这很奇怪，但却是事实），他也喜欢旅行。实际上，他在度假的时候总会有许多美妙的思想迸发出来。在其他领域里，他解释了天空为什么是蓝色的，在大气中发现了一种新的气体。他因此获得了1904年的诺贝尔物理学奖。他还发现了一种沿着地表做翻转运动的地震波。

摇滚教授
翻滚的岩层

唔，如果人们看不见那些地震波，又如何得知那些地震波在哪里呢？
问得好。你比你看起来聪明多了。实际上，这是科学家们利用他们的想象力和严密的数学推理共同得出的结论。首先，他们充分想象地球内部的情形是如何如何，然后他们用数学计算出那些地震波会身处何方。这听起来是不是一件十分困难的工作啊？幸亏我带来了一张图片……

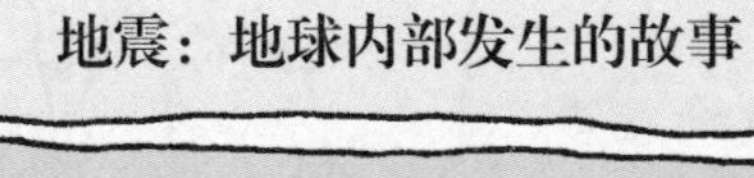

地震：地球内部发生的故事

震源： 地下岩层首先断裂的地点。这就是地震波的发出地。震源一般处于地下十几千米的地壳中，极个别地震的震源可以深藏地下（在地下超过300千米深）。

震中： 震源直上方的地球表面部分。这部分是震动最厉害的地方。

弹力波： 从震中向外向上猛烈震动。

是不是最深的地震就是最具有危害性的地震？
不一定。震源越深的地震，能量越强大，这是事实。但震源浅的地震造成的危害更大。这是因为地震波不用经过长途跋涉而从震源直接达到地表，所以它们没有损失能量。这种地震波剧烈地震动着地面，但震动面积却不大。而震源深处地下的地震感觉起来虽没有前者震动得厉害，但覆盖面积却很大。

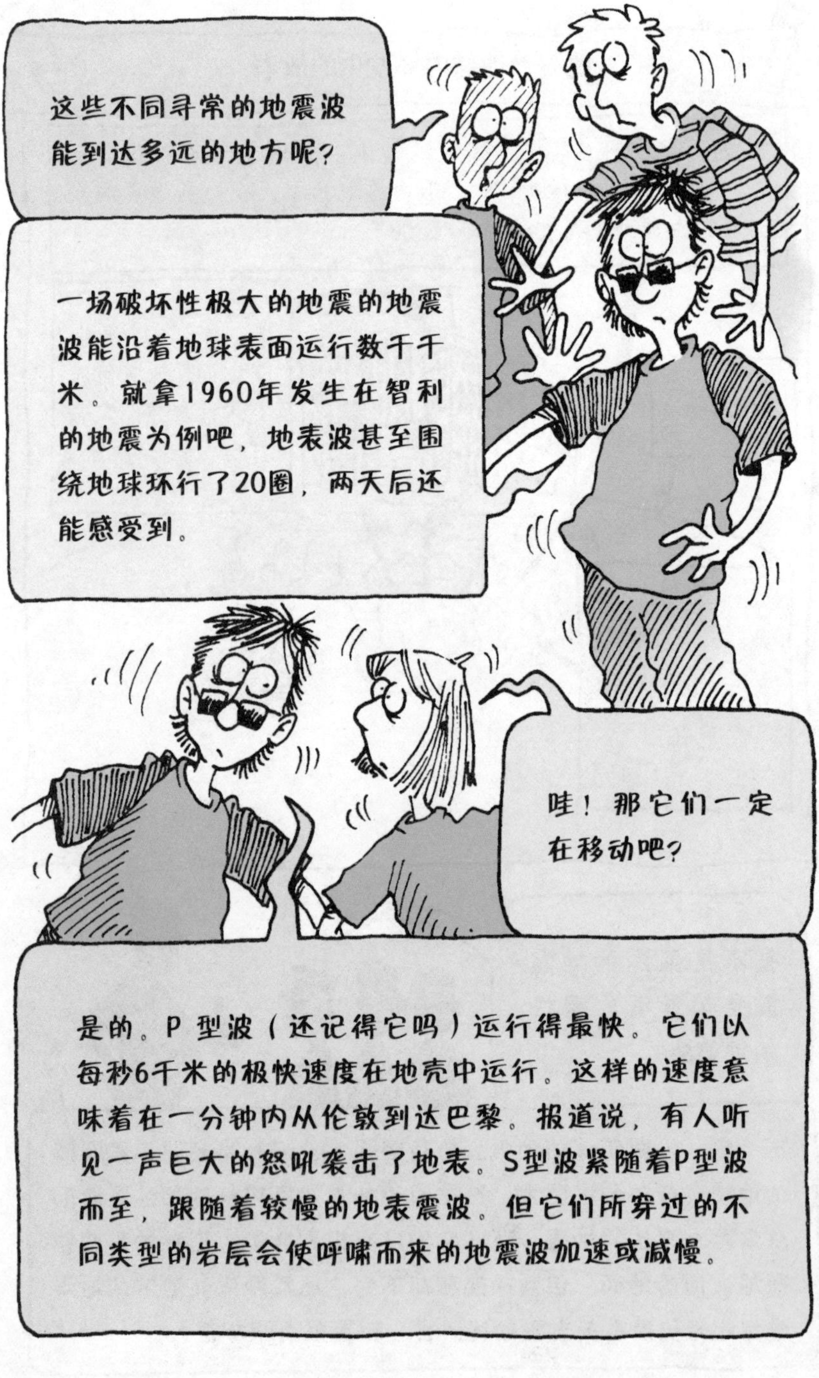

这些不同寻常的地震波能到达多远的地方呢?

一场破坏性极大的地震的地震波能沿着地球表面运行数千千米。就拿1960年发生在智利的地震为例吧，地表波甚至围绕地球环行了20圈，两天后还能感受到。

哇！那它们一定在移动吧?

是的。P 型波（还记得它吗）运行得最快。它们以每秒6千米的极快速度在地壳中运行。这样的速度意味着在一分钟内从伦敦到达巴黎。报道说，有人听见一声巨大的怒吼袭击了地表。S型波紧随着P型波而至，跟随着较慢的地表震波。但它们所穿过的不同类型的岩层会使呼啸而来的地震波加速或减慢。

现在你是地震波的专家了，你可以很好地利用它们。不用像洛夫和瑞利那样了，现在的地震学家不需要猜测地球内部是什么样子。他们利用地震波来研究岩层。他们也用地震波来计算一场地震的强烈程度。继续读下去吧，你会发现更多有趣的东西。

地震破坏等级

你如何测量一场地震的破坏程度呢？这对于地震专家来说也是一件非常困难的事情。为什么呢？你从何入手呢？是以地震的能量作为衡量标准，还是以它造成的破坏程度为标准？或者以它形成的裂缝为标准？实际上，地理学家综合测量这3个方面，这又使情况混乱起来。下面，希德要带领你弄清楚3种最为容易操作的地震等级测量方法。你觉得哪一种最有效呢？

A

名称：修正后的麦加利裂度

它用来测量地震的强度。地震强度表示地震震动地面的强度和它造成的破坏程度。地震强度的记录对于研究远古地震具有十分重要的价值。更为重要的是，这可以让应急系统在地震来临时及时做好准备。这有点像在听一支摇滚乐队演奏极为喧闹的音乐一般……但这音乐远远比不上真正的地震所带来的声音。

震耳欲聋的声音即将登场
仅演出今晚一场
地震乐队！
低音部……爱尔兰地震。
保证如地震般喧嚣！
领衔吉他手……
鼓手……
领唱……可爱的洛夫波。
将上演他们最新的打击乐力作，包括《颤抖，震动摇滚》《我觉得地球在震动》《带我到极乐天堂》，等等。
敬告父母：如果你喜欢优雅的、恬静的、和谐悦耳的音乐，你不会喜欢我们的。对不起，我的意思是，你不会喜欢我们的音乐的！

你可以根据你是坐在音乐厅的前部、中间，还是在后部，甚至是在音乐厅之外的地方来听乐队奏出的音乐声的强弱，来设想地震的强度的大小。

地震破坏详图

地震被分为（Ⅰ－Ⅻ）度。下面就是震级的破坏程度图：

Ⅰ 度 微弱得人们都感觉不到。

Ⅱ 度 只有在楼上的少数人能感受到。

Ⅲ 度 人们在室内可以感觉得到。感觉就像一辆卡车轰鸣而过。

Ⅳ 度 在户外可以感觉得到。这个等级的地震可以震动窗户，摇动停下来的汽车。

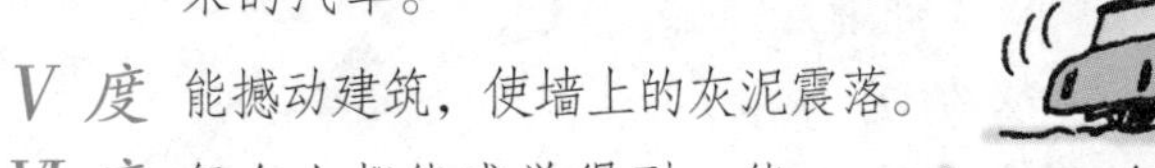

Ⅴ 度 能撼动建筑，使墙上的灰泥震落。

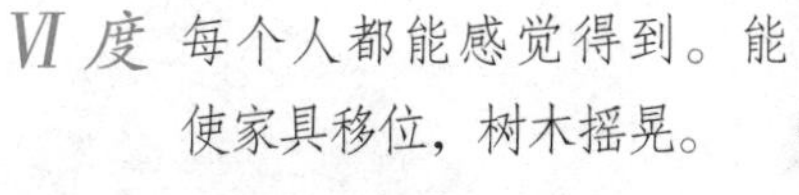

Ⅵ 度 每个人都能感觉得到。能使家具移位，树木摇晃。

Ⅶ 度 损坏建筑物。使松散的砖块掉落。很难在地面上站稳。

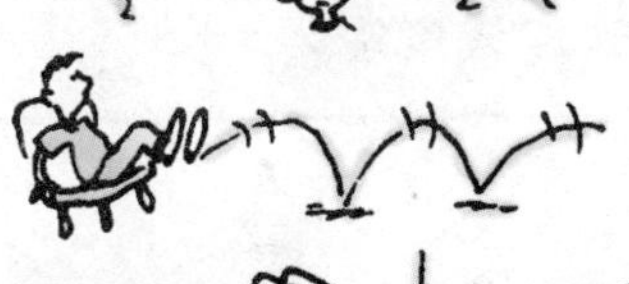

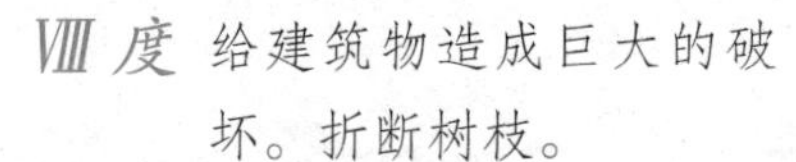

Ⅷ 度 给建筑物造成巨大的破坏。折断树枝。

Ⅸ 度 地面上出现裂缝。建筑物坍塌。

Ⅹ 度 建筑物被摧毁。出现塌方现象。河水溢出。

Ⅺ 度 很少还有建筑物能维持原貌。铁路线扭曲。

Ⅻ 度 几乎能摧毁一切。

专家观点

我觉得这种测量地震的方法恐怕不够准确。这种方法的麻烦之处在于它依赖人们的感受。如果你去问5个人，他们会说出5种不同的情形。这样的话，对于一场地震来说，你就有了5个不同的震级。明白我的意思了吗？地震的强度取决于你所处的地点（当地震乐队演奏《颤抖，震动摇滚》时，如果你站在音乐厅的前部，那声音就会很大。但如果你的同伴来晚了，被挡在门外，那他只能听到比较恬静的音乐了）。而且，谁愿意留在震中的地方去检查地震的破坏程度呢？

地震史料

你可以用任何东西来测量地震的强度。甚至一匹马也可以用来测量地震强度的大小。在澳大利亚，一场微震引起的震动，往往被人们比作一匹马在篱笆墙上搔背痒。

B

名称：里克特震级（里氏震级）

它用来测量地震的量值。它表明当岩层断裂时一场地震所释放出来的能量有多大（这种能量以地震波的形式放射出来）。对不起，你还记得地震乐队吗？设想一下你正在听吉他手的独奏。允许你站在离舞台任何距离的地方，无论你在哪里，声音都会那么大的。

里氏震级是以美国著名地震学家查尔斯·F.里克特（1900—1985）的名字命名的。1935 年，查尔斯被派去管理加州工学院的地震图书馆。那座图书馆就处在地震多发的美国加利福尼亚州。那对于一个年轻人来说是一份相当好的工作。但查尔斯并不在乎名声和钱财，他根本就不在乎。实际上，他烦透了。每天都有一些烦人的记者打电话来骚扰他，问着相同的老套问题：

你要明白，在那个时候，估测地震大小的唯一方法就是修正麦氏震级测量法。麦氏震级测量法的问题在于，你永远不可能得到相同的结果，因而使这种测量方法很不可信。脾气暴躁的查尔斯被烦得抓耳挠腮。他必须找出更好的方法来。这应是那些令人讨厌的记者也能看得懂的方法。突然，查尔斯灵机一动。他比较了不同的地震波在他的地震仪上出现所需要的时间，利用这点，他分析出地震离他有多远。然后，他又测量了地震波震动当地所波及的距离和所需要的时间。考虑到地震波及的距离和震源的深度，他计算出了地震的能量有多大（啊！简直是太复杂了）。这种方法更准确、更科学。

事情并不如此简单。现在，超灵敏的地震仪能记录极其微弱的地震，震级只有-2或-3级。但你不要误认为，7级地震仅仅比6级地震强烈一点点而已。按照里氏测算方法，每增加1级，就意味着十倍于前一级的破坏力。所以，7级地震释放的能量实际上约是6级地震释放能量的30倍，而仅仅约是8级地震释放能量的三十分之一。

专家观点

里氏震级测量方法是现在常用的方法。这是人们在电视上常用的方法。这种方法唯一的隐患就是它不能应付超大级别的地震（超大级别的地震指震级超过8.5级的地震）。

C

名称：矩阵级测量法

它用来测量地震瞬间的大小。这种方法能够测量一场地震的总体规模，也分为几个等级。现在，让我们回到地震音乐厅现场……不管你现在站在离舞台多远的地方，拔掉你的耳塞，听一场震耳欲聋的乐队演奏，声音真的很大！

这种测量方法考虑到总体因素，从岩层的断裂，到地震的震动程度和地震持续的时间。

专家观点

矩阵级测量法是地震专家常用的方法。虽然这种方法操作起来十分困难，但测量结果还是相当准确的，因为这种方法是地震的综合考察。而且这种方法对于震级在9 级到10 级的大地震来说十分有效，以至用这种方法测量最大的地震，使得震级提升了。1960年智利大地震用里氏方法测量是8.5级。你可能认为是相当大的。但实际上这场大地震的震级远远大于8.5 级。用瞬间量级测量法测量出的震级是9.5 级，是最为巨大的地震之一。

地震杀手

灾难深重的智利大地震是20世纪最为巨大的地震。但在所有最为恶劣的地震之中，它还排不到前10位呢。这是因为许多地震排行是以地震造成的死亡人数计算的。这很悲惨，但却是真实的。在智利大地震中，2000人失去了生命，景象惨不忍睹。但对于一场如此巨大的地震来说，那么多的人能幸存下来确实是个奇迹了。

死亡人数排名前十名的地震

	地点	时间	死亡人数	震级
10	中国河北仁河	1290年	100 000	未知
9	日本关东	1923年	142 000	8.3级
8	伊朗阿尔达比勒	893年	150 000	未知
7	中国甘肃古浪	1927年	200 000	8.3级
6	中国甘肃海源	1920年	200 000	8.2级
5	伊朗达姆甘	856年	200 000	未知
4	叙利亚阿勒坡	1138年	230 000	未知
3	中国河北唐山	1976年	242 000	7.8级
2	印度加尔各答	1737年	300 000	未知
1	中国陕西	1556年	830 000	8.0级

死亡人数排名前十名的地震发生在很久远的过去，地震学家只好估计它们的大小了。但如果它们被记载在历史上，那结果一定很悲惨。

一些地震发生在久远的历史里，那时候没有准确的地震记录。所以有些地震的死亡人数是猜测出来的。真实的数字没法讲清楚了。

但有一件事情是可以肯定的。那就是地震是十分危险的。它们可以随时发生在任何地点。所以为了找到一块安身立命之地（嗯，也许是稍微安全的地方罢了），最好待在一个远离地震多发地带的地方。你是这么认为的，对吧？你或许认为不错，但很多人却不同意……

在颤抖的大地上

旧金山、洛杉矶、墨西哥城和东京有什么共同点？想放弃回答吗？答案就是它们都是地球上最大和最繁忙的城市，它们都建立在十分不稳固的大地上。但人们为什么还是住在如此危险的城市里呢？毕竟，在几秒钟内一场地震就可以把一座大城市夷为平地。令人惊奇的是，6 亿人生活在地震多发区，而不考虑那些令人毛骨悚然的危险。如果你问他们为什么不搬出这些危险地带，住到更为安全的地方。他们会回答你说，在大多数时间里，他们都像在家里一样安全。

而且，最坏的或许还未发生。但话又说回来，或许还能……

神户悲剧

神户是日本南部一座繁华的城市，它是日本最大的港口和最重要的工业中心之一。但十分不幸的是，地震经常光顾日本。神户很长一段时间里没有发生地震了，直到1995年1月17日，地震终于降临到神户。当你的世界震动得四分五裂的时候，你的感觉如何呢？下面就是那一天出现在一个小男孩面前的可怕场面。

小吉历险记

我们在学校里学习过关于地震的知识，所以我知道地震经常光顾日本。有时候我们做地震逃生训练，但那很令人讨厌。但不管怎样，我并不是太紧张，神户确实是个很美丽的地方，我想我要在这里度过我的一生。这里很漂亮，也很安全。而且，无论如何我也不相信地震会发生。但现在我相信了……

上个星期二，世界变得十分可怕。那是一个凌晨，我正在熟睡。接下来，我所知道的就是我从床上跌落下来，摔到了地板上。地板也在颤抖。但事情并非仅仅如此。我们住在一个小区里，颤抖的并不仅仅是地板，整座建筑都在摇晃。真是太可怕了！外面一片漆黑，我不知道该怎么办了。我能看到屋里的东西顺着地板滑来滑去，我猜那一定是我的书柜或者我的床。更糟糕的是，大地发出了巨大的声响，就像一个妖怪在怒吼。我听见妈妈在喊我和妹妹，然后爸爸拿着一只手电筒跑进我的房间里。他让我躲进厨房里，并且蹲在餐桌下面，就像学校里老师教我们的那样。我现在是多么希望我能得到更多的预报啊。在地震中很难站立起来和行走，但我还是照着爸爸吩咐的做了，跑到了厨房里。我的妹妹大哭大叫的，紧紧抱着妈妈。你知道吗？她才5岁啊。我也被吓坏了，但我努力不表现出来。地震看起来没完没了的。最后，地震终于停止了。

爸爸妈妈紧紧地拉着我们的手，带着我们冲出了公寓，跑到了街道上。外面一片狼藉。天渐渐地亮了，我们能看清楚外面被损坏的惨状。我们的那座公寓并没有受到多大的破坏，但邻楼却坍塌了，化为碎石瓦砾。沿街的建筑物都没有逃此厄运，一半的房子都倒塌了，这看起来跟平常很不一样，你或许曾认为人们的房子会永远维持原貌。那些坍塌的房子中有一些是我的朋友家的，我真希望他们平平安安的。街道上有巨大的裂缝，一切都被毁坏了。有人说，这就像是一个巨人狠狠地踩在我们的城市上，把它压扁了。

我和妈妈、妹妹坐在马路上，爸爸则出去看看他能不能帮上什么忙。马路上也坐了很多人，凝望着眼前的废墟。妈妈说，那一定是地震。但现在我不再害怕了，我只是有点悲伤，感觉也很冷。我们是如此匆忙地冲出屋子，以至于我们没带任何衣物，或其他任何东西。但至少爸爸、妈妈和妹妹还安然无恙。我们的邻居被困在碎石堆中，爸爸帮着把她拉了出来。我真的很为爸爸感到自豪。有很多人在大声呼喊，有的还在哭泣，因为他们找不到他们的朋友、亲人了。太恐怖了！

我不知道我们在街道上等了多长时间。感觉有好几个小时似的。最后，爸爸终于回来了，把我们带到了一个大厅里。那个大厅在城市的另一端，那个地方没

有受到太大的破坏。大厅是我爸爸工作的一个钢铁公司的。爸爸说，他的公司将会暂时照顾我们。我们不能回家了，因为那里没有水，没有煤气，也没有电。我们的房子很危险。大厅里闹哄哄的，十分拥挤，因为也有很多别的家庭在那里。

一个人过来给了我们一些暖和的毛毯和食物。虽然只有饭团吃，但我太饿了，我根本不在乎那是什么了。饭团也让我妹妹不哭了。妈妈说，别的人待在学校和神社里。我们都是地震中的幸运者。我不用去学校上学了，我真高兴。

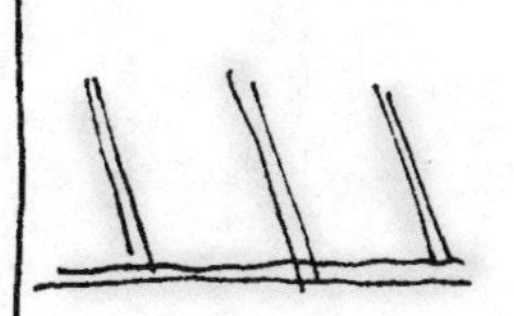

我在这儿挺好的，认识了很多朋友，但我不知道我们还会在这里待多久。爸爸告诉我说，尽管如此，也必须勇敢面对现实，照顾好我的小妹妹。我告诉他说，我会努力的。但这并不容易做到。特别是正如爸爸所预料的，我们还会经历许多余震，它们是大震过后的一些小地震，我真的很希望爸爸错了，我希望不再发生什么与地震相关的任何事情了。我现在只想回家。

地震档案

日 期： 1995年1月17日

地 点： 日本神户

时 间： 凌晨5点46分

震 时： 20秒钟

震 级： 7.8级

死亡人数： 4500人；15 000人受伤

骇人听闻的事实：

▶ 这场大地震是自1923年关东大地震后，日本发生的伤亡最为惨重的一场地震。在1923年关东地震中有142 000人失去了生命。

▶ 地震造成了巨大破坏。19 000座建筑物倒塌了，这其中也有所谓的防震设计的房子。大火更是烧毁了很多房子。

▶ 阪神高速公路，一条连接神户和大阪的公路，它的地基高于地面，所以在地震中，它翻了个个儿。因为地震发生在凌晨，所以路上寥无人迹。几个小时之后，公路上恐怕会塞满了车辆。

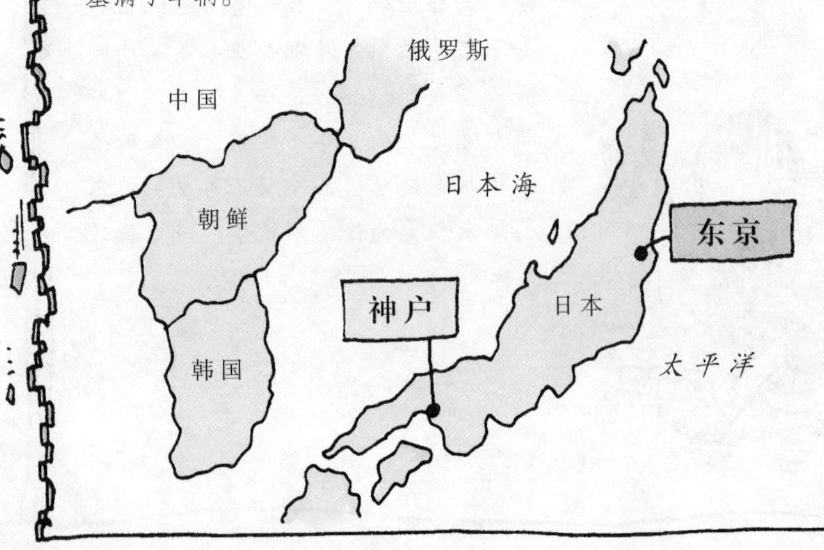

地震史料

在场者会告诉你，地震是伴随着一种奇怪的声音而来的。地震来的时候，你可以清楚地听到低沉的轰隆声，有点像一辆卡车经过一堆铺路石上发出的声音，或者像一辆地铁轰鸣着通过隧道时发出的声音。有时还像铁链发出的可怕的叮当声，简直太古怪了。

地震的副效应

被夷为平地的城市看起来被震得够戗。但地震还隐藏着许多其他令人感到震惊的东西。下面就是一些地震的副效应（译注：即次生灾害），你或许很想避开它们。

1. 地震致使地表改变。地震可以改变地形地貌。所以你可能不知道你身在何处了。一些地方下沉了，一些地方则升高了好几米。曾经在中间相连的道路，现在已经不再连在一起了。在1964年阿拉斯加的地震中，一大块法国国土那么大的地方倾斜向了一方。这使得小渔村科尔多瓦远离了大海，以至于海潮已经到不了港口了！渔民们的船只被高高悬置在海滩上，干晾在那里，而其他一些旱地则被洪水淹没了。

2. 致命的山崩。1970年5月31日，一场里氏7.8级地震袭击了秘鲁。但最糟糕的还在后头。地震引发了瓦斯卡兰山区一场毁灭性的山崩，这场山崩使数百万吨的岩石和冰块以极快的速度飞奔而下。泥石流把大块的石头和大量的泥浆抛向空中，沿路摧毁了所有的东西，包括一个小镇。在短短的几秒钟内，整座城镇被击成碎片，城里的人也被活埋了。

3. 熊熊大火。毫无疑问，震后的熊熊烈火是地震副效应中最具有灾难性的。很多情况下，大火所造成的损失远远大于地震本身。还记得在旧金山地震中烹煮熏肉和鸡蛋的那个妇女吗？一把火和几乎完全是木质结构的房子，使一顿早餐变成了一场噩梦。另一个悲剧发生在葡萄牙的里斯本。1755 年11月，一场可怕的地震袭击了里斯本，地震带来了毁灭性的后果，城市的大部分变成了一片废墟。但是，最糟糕的却还未到来。在几个小时里，翻倒的炉子和油灯里冒出的火星引起了一场凶猛的烈火。在三天梦魇般的日子里，大火席卷了整个城市。在地震之前，里斯本曾经是一个美丽的地方，到处都有皇宫、漂亮的房子和价值连城的艺术品。而地震后，它被烧焦了。对于我们来说，幸运的是，这场大火被一个叫托马斯·蔡斯的英国人亲眼目睹并记录了第一手资料。地震发生时，他就住在里斯本。下面就是他的家书：

亲爱的妈妈：

我希望这封信能顺利到达你的手中。这些天，邮政系统的工作不太正常。实际上，目前里斯本城里没有什么是在正常运转的。那场悲惨的地震完全颠覆了我们的生活。城里没剩下什么东西了。但无论如何，我现在想告诉你，我现在很安全。我是地震幸存者之一。

当地震发生时，我正躺在床上。紧接着，我听到了我听过的最为可怕的声音。我立刻意识到，地震来了。开始的时候，地震不是很强烈，然后就越来越强烈。我想是好奇心占据了我吧，所以我就往房顶上跑，为的是好好地看清楚地震（我知道你在怎么想，你肯定认为我是个傻孩子！我确实傻）。我几乎成功了，就在这时，房子突然倾斜，我就倒下了。然后我就觉得我在往下掉。实际上，我是被扔出窗外的（很不幸的是，我住在四楼）。我当时肯定昏倒了，因为我接下来记得的事情是，我的邻居把我从砖堆和碎石块中拖了出来。他起初没认出来是我。

我可以告诉你，我确实被摔坏了。我满身都是割伤和淤伤，我也跌断了右胳膊（我想这恐怕也是我的笔如此颤抖的原因吧）。一些人去叫来了我的好朋友福格先生，他把我带到他家，把我安置在床上，让我渐渐地恢复。我想我终于安全了。从床上，我可以窥见黄色的光在窗外闪烁，听见令人恐惧的大火烧出的噼里啪啦

声。你相信吗？房子着火了！勇敢的福格先生立刻起来灭火。他又一次救了我的生命。冒着生命的危险，他把我带到了广场的安全地带。在那里，我躺了整整一个星期六晚上和星期天。直到现在，整座城市还在熊熊烈火之中呢。大火根本不受控制了，我在城市的烈焰中黯然流泪。

亲爱的妈妈，正如我所说的，除了身上的伤之外，我还是相当幸运的。尽管我失去了所有东西，但我还拥有我的生命。我的很多朋友不幸都不在人世间了。这太可怕了，太可怕了。

我会很快再给你写信的。我也许会很快看到你。当我身体好转的时候，我就会回家。那之前，请不要担心我。

你的儿子托马斯敬上

1755年11月于里斯本

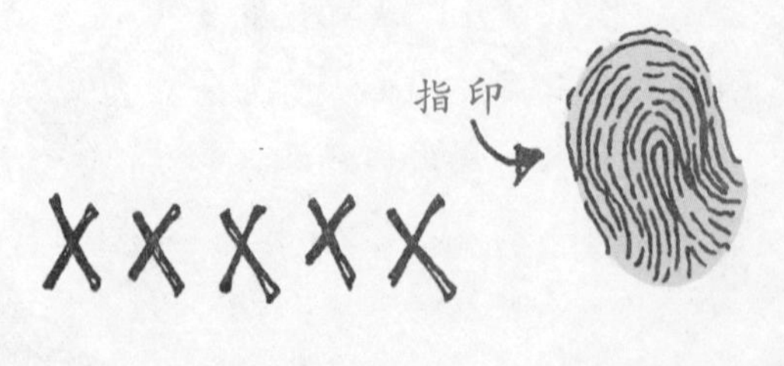

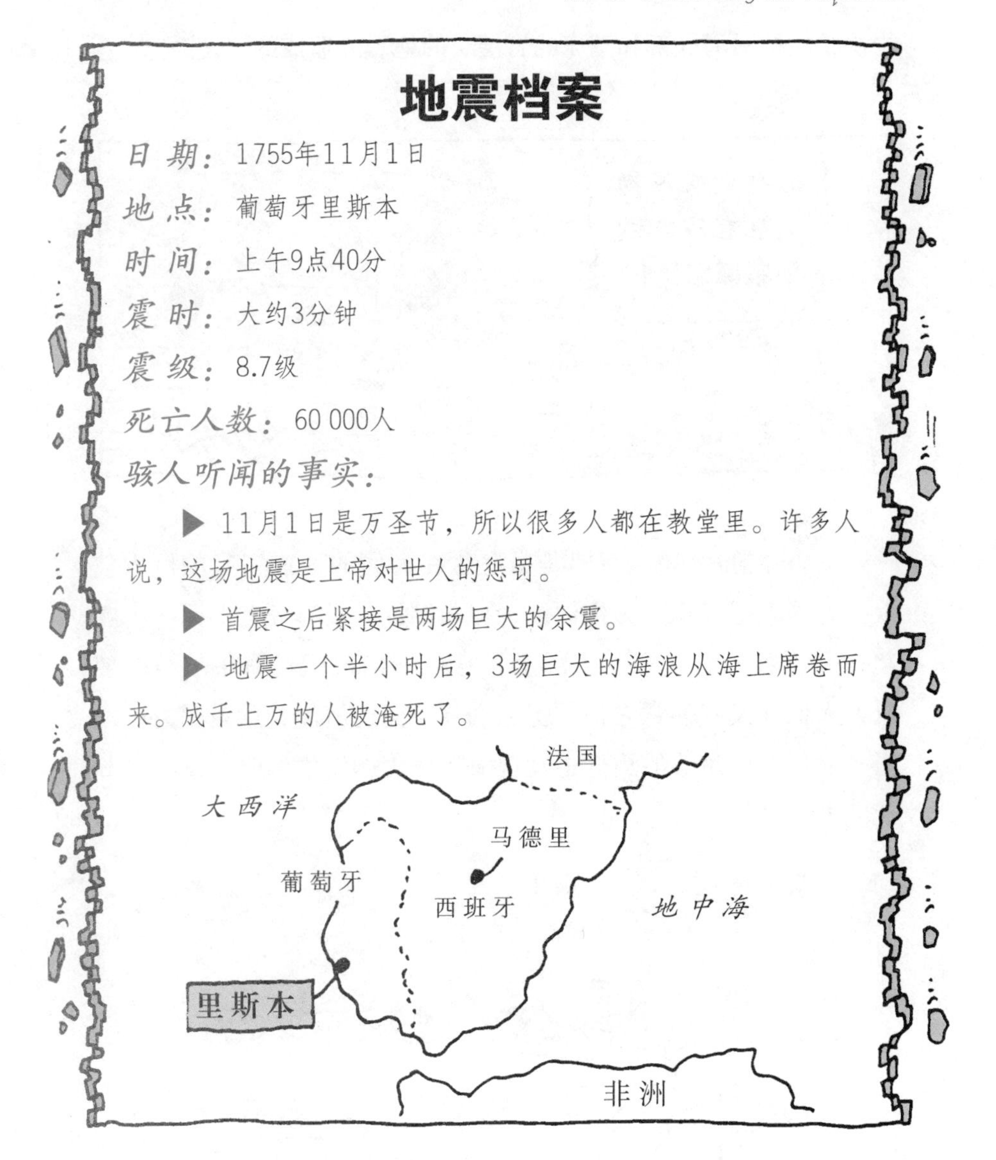

地震档案

日 期：1755年11月1日

地 点：葡萄牙里斯本

时 间：上午9点40分

震 时：大约3分钟

震 级：8.7级

死亡人数：60 000人

骇人听闻的事实：

▶ 11月1日是万圣节，所以很多人都在教堂里。许多人说，这场地震是上帝对世人的惩罚。

▶ 首震之后紧接是两场巨大的余震。

▶ 地震一个半小时后，3场巨大的海浪从海上席卷而来。成千上万的人被淹死了。

4. 骇人听闻的湖啸。想想那些居住在苏格兰蒙德湖海湾附近的居民吧。他们不知道里斯本发生了地震（这个消息传到英格兰花了两个星期）。所以当湖水突然开始剧烈涨落时，他们根本不知道为什么会这样。到底发生了什么？嗯，这是地震的另一种副效应，它的技术术语叫做湖啸波，这是由穿行于地球内部并折断岩层（包括海湾底部和湖床的岩层）的地震波造成的。

5. 可怕的海啸。海啸是由发生在海底的地震引起的巨大波浪。有些人把海啸叫做潮汐波，但与潮汐并没有任何关系。海啸起初并不容易看出来。实际上，它们悄悄地溜过海中航行的船只，人们并没有察觉它们。但它们一旦到达海岸，就是另外一回事了。你能以足够的勇气去发现海啸是怎么发生的吗？海啸是如此发生的：

A 一场地震发生在海底。

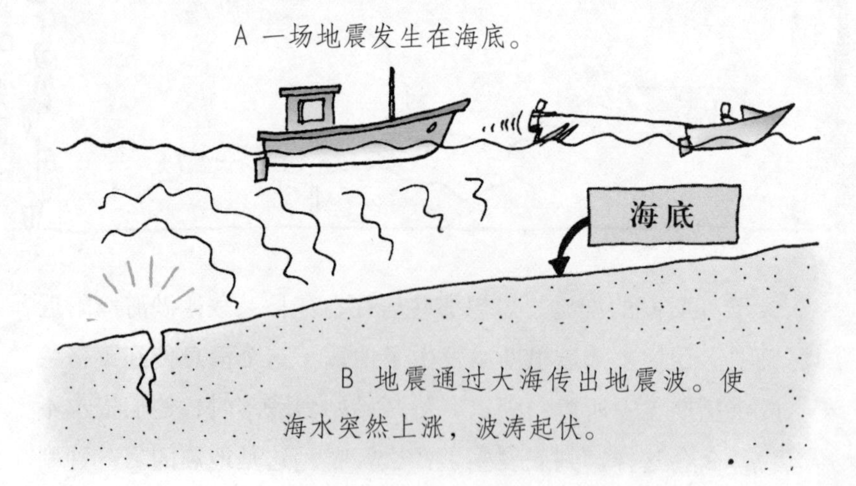

B 地震通过大海传出地震波。使海水突然上涨，波涛起伏。

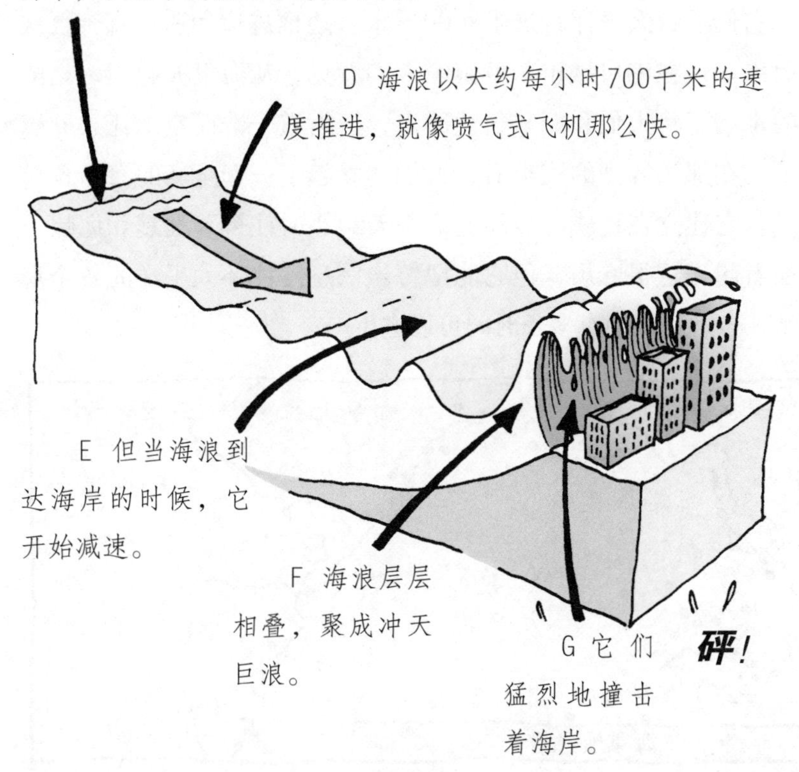

C 海水引起的波浪发生在距离我们遥远的远海中，以至于我们几乎感觉不到。
D 海浪以大约每小时700千米的速度推进，就像喷气式飞机那么快。
E 但当海浪到达海岸的时候，它开始减速。
F 海浪层层相叠，聚成冲天巨浪。
G 它们猛烈地撞击着海岸。
砰！

可怕的健康警告

海啸是相当危险的。当它冲向海岸时，会冲走一切东西，建筑物、船只、人们，甚至是整个村庄。海啸可以达到4层楼那么高。那是带来灾难的潮水。麻烦的是，当你知道它们到来时，已经太晚了。所以，如果当大海看起来要吞噬海岸的时候，赶快离开那里，很有可能是一场海啸就要来临了，正准备仰起它险恶的嘴脸呢。

早期预警

1946年，一场发生在阿拉斯加海岸的地震引发了一系列海啸。它们沿着太平洋行进了3000千米，边推进边加速，直奔夏威夷而来。住在港口城市希罗镇的人们看见，从海里升起了一堵陡峭的水墙，将人们和船只猛然冲走，把街道一洗而空。让人欣慰的是，在那场惨烈的灾难后，人们建立起了一套全新的海啸预警系统。它建立在夏威夷群岛上，每天24小时注视着地震和海啸。起初看起来这很麻烦，但它能把警告信息发往环太平洋的各个观测站，告诉人们还有多长时间可以逃生……

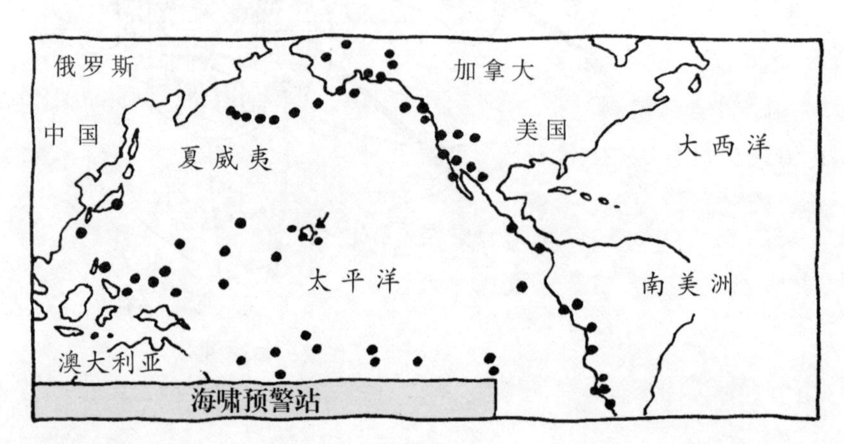

考倒老师

你胆子大不大？敢不敢和你的地理老师开开下面这个残酷的玩笑？举起手来问她：

请问老师，如果一头牛在一场地震中横过一条马路，会发生什么呢？

不知道她有没有准备好回答这个令人捧腹大笑的问题？

你的地理老师放弃了吗？嗯，这个令人震惊的答案就是，那头牛会掉进地面的一条裂缝里。这种极其危险的裂沟在1906年的旧金山大地震中出现过。事情发生得极其突然，那头可怜的牛根本就没有生还的希望。接下来发生的是，那条裂沟就像它当初裂开的那样快，又合拢上了，只露出了那头牛的尾巴梢。如果你的老师现在心情不好，千万不要跟她讲起这个故事。明白了吗？

可怕的健康警告

除了脆弱的板块和永不停止运动的岩层外，任何能给地球带来压力的事情都可以引起地震。包括行为举止十分令人可怕的人类。人类现在正在做着一件极其糟糕的事情：他们不断地往水库里贮水（水库就像一个巨大的湖。它们有时候被用来存储饮用水）。人类的这种行为能导致地震吗？嗯，水的重量给岩层带来的巨大的压力，致使水渗进了早已存在的断层里。1967年，一场6.5级的大地震袭击了印度的Koyna。据了解，这个地区以前并未发生过地震。你猜是什么导致了地震？原来是一座刚刚在那个地区建完的水库。

不久的将来，居住在不稳固地带的人数会越来越多。毕竟地震区域覆盖了地球的大部分地区，人们不可能完全避免地震。此外，尽管这些地区地质结构不那么稳固，可它们却往往是令人心旷神怡的居住佳地。因此我们应该做些什么来使我们的生活更加安全呢？现在到了请我们的地震专家出场的时间了……

地震学家的名字跟他们大脑的容量可无关，尽管他们可能非常乐意你那么想。忘记那些穿着白色长衫在布满灰尘的实验室里消磨时光的古怪教授吧！地震学家们通常是工作在压力之下的科学家，他们棘手的工作是找出什么是可怕的地震的发生动机。但是这个工作并不像听起来那么容易，地震是非常难以预测的，没有人知道下一场地震会在什么时间袭击什么地方。那么这些困难能使承受压力工作的地震学家们望而却步吗？答案是不会的！困难只能让他们更加热情地继续干下去，开拓新天地。

你能成为一个地震学家吗？

你具备成为一个地震学家的种种条件吗？你能够承受压力吗？试试下面这个测验找出答案。最好也让你的地理老师来试试看。

1. 你是数学专家吗？　　是 / 否

2. 物理学的成绩令人难以置信的优秀？　　是 / 否

3. 极其擅长看地图？　　是 / 否

4. 你拥有丰富的想象力？　　是 / 否

5. 你后脑勺上有眼睛吗？　　是 / 否

6. 你经常幻想到异国他乡旅游吗？　　是 / 否

答案

1. 你将会成为地震学家。许多地震学研究意味着收集科学信息并将其输入计算机，然后计算出它们究竟代表什么意思。那么怎么计算出来呢？你需要做非常冗长复杂的计算题，就是这样计算出来的。因此你必须对数学非常精通。

2. 地理学在发现地震波如何穿越地球时是非常有用的。然而地震波并不循规蹈矩地走直线，那样的话问题就非常简单了。因此绘制出地震波从A地（地震的震中）到B地（地壳表面）的路径也并非平直的线条。由于这些地震波穿透的是不同类型的土壤或岩石，因此这些任意的地震波会反射到它们自身或者在某个角有些弯曲（从科技角度来讲，这些弯曲叫做折射）。无论哪种方式，地震波都向四处发散。你猜到了什么？对，反射和折射都是物理学的知识。

3. 如果你在上学的路上迷了路（特别是这天是地理考试的日子），可别指望一张地图能帮你多少。但是如果你确实对地震学感兴趣，那么读懂地图可就是十分必要的了。我的意思是说，你还能通过什么方式辨认出地震波呢？

4. 不，我不是说让你去幻想你的老师夸奖你是个天才。如果有这种事情，那可算是美梦成真了。我说的幻想是让你想象出一幅关于地球内部都有些什么的3D图画，而并不是真的让你看到它。这点非常关键，因为这正是地震实际发生的地方。但这个工作非常棘手，因为没有这种地图，没人可以告诉我们这些地方在哪里。这就有点类似在黑暗中你试图摸索出你放在床下的一袋油炸马铃薯片。

5. 当然，并不是真的需要你后脑勺上长出眼睛来（想想要是那样的话，你将花费多少金钱用在遮阳伞上）。但是你必须拥有敏锐的观察力。

那么你机灵有见识或者是能够不受任何打扰睡得着觉吗？试试下面这个模拟地震的问卷。即使你从未亲身经历过真正的地震，也请你设身处地地想象你有过这种经历并作答。

地震问卷

1. 当地震发生的时候你在哪里？
2. 震动发生在什么时间？
3. 你感觉到震动了吗？
4. 你听到了什么？
5. 你当时在室内还是室外？
6. 当时你正在坐着/站着/躺着/醒着/睡着/听广播/看电视？
7. 你当时吓坏了吗？
8. 有没有门窗发出咔嗒咔嗒声？
9. 有没有其他东西发出咔嗒咔嗒声？
10. 有没有什么悬挂的东西在摇摆？
11. 有没有什么东西坠落下来？
12. 造成了什么损害？

6. 你将有机会参观世界各地如北极、南极、喜马拉雅山、非洲以及新西兰的地震观测站。最好带上你的地图集！

你认为你该如何做？

明星快照

不要担心地震学会难倒你。请往后坐，让真正的地震学专家来解决问题吧。你准备好和一些最有智慧的科学家们接触了吗？下面就请希德来给你介绍5位真正的大科学家……

姓名：约翰·米歇尔
（1724—1793）
国籍：英国

事迹：剑桥大学地理学教授。1760年，约翰在研究了灾难性的里斯本地震后发表了他的第一篇科学论文，论文题目为《关于地震现象的观察与成因推测》（也许你对这篇论文感兴趣。然而不幸的是，这篇论文太过单调沉闷，没有多少人肯耐心读完）。不过，这位睿智的约翰还是由于其创建性的工作而被大家亲切地称为“地震学之父”。他认识到地震波以不同的速度传播，还创造出一种发现地震震中的方法。倘若这些还不够的话，在业余时间他还是一个顶尖的天文学家。真是个刻苦学习的人！

姓名：罗伯特·迈利特
（1810—1881）
国籍：爱尔兰

事迹：罗伯特是由于一次偶然事件而开始对地震着迷的。他原来是个工程师，他设计了火车站、桥梁和灯塔。当他有一天在一本书中读到关于地震的事情时，所有的这一切都改变了。从那时起，罗伯特成了一个地震迷。他不收集邮票而收集关于地震的书籍、小册子以及新闻报道……你叫得出名字的关于地震的资料他全都收集（他甚至在地下引爆火药自己制造地震。他不得不这样做，因为他居住在爱尔兰，远离任何一个地震区域）。然后他把这所有的资料都写入一本巨著中。这些还不是全部，他将最大的地震都绘制在一张地图上。请记住这点，罗伯特的地图是如此惊人的准确，直到今天还被人们广为使用。

姓名：安德加·马赫洛维斯克
（1857—1936）
国籍：克罗地亚

事迹：安德加发现地震都发生在地球的地壳部分。但是他还发现，有一些地震波穿透了地幔。地壳和地幔之间的边界以他的名字命名为马赫洛维斯克断面。

幸好现在把这个长长的拗口的名词缩短为马赫了。无论如何，安德加的确是个真正睿智的人。他不仅在物理学、数学、地理学和气象学方面智慧过人，他还能讲一口流利的克罗地亚语、英语、法语、意大利语、拉丁语、希腊语以及捷克斯洛伐克语。因此假如他愿意的话，他能够用7种不同的语言说出“地震”这个词！

事 迹：古腾堡花费了数年时间研究地震波以及它是如何传播的。他还协助查尔斯·里克特创造出了里克特天平（因此严格说来，那应该叫做古腾堡—里克特天平），这次还是和他的好朋友里克特合作。古腾堡的研究告诉世人，3/4的地震都发生在太平洋震动带上，当然这些你现在都已经知道了。聪明的古腾堡最为著名的书包括《北美地震》与《地球地震》。好了，我知道这些书听起来是多么单调乏味。

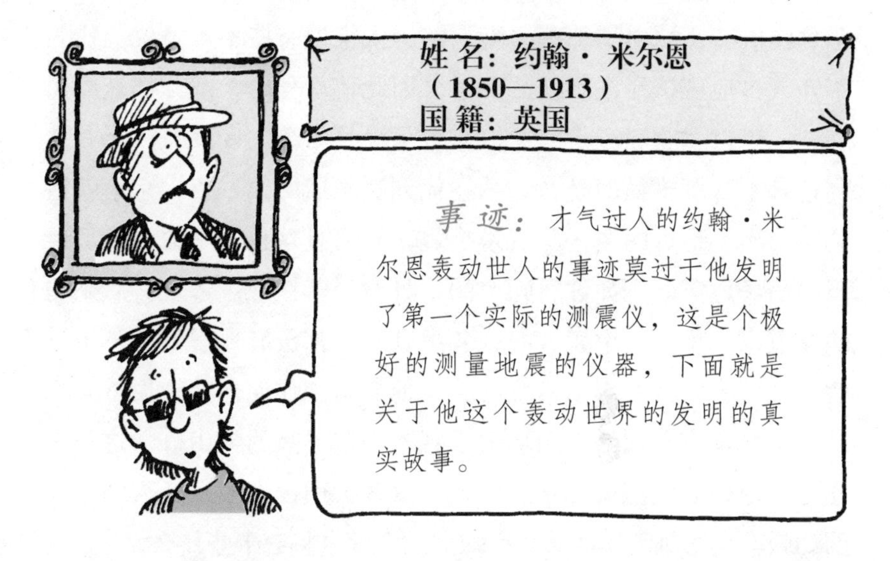

姓名：约翰·米尔恩
（1850—1913）
国籍：英国
事迹：才气过人的约翰·米尔恩轰动世人的事迹莫过于他发明了第一个实际的测震仪，这是个极好的测量地震的仪器，下面就是关于他这个轰动世界的发明的真实故事。

一个惊人的发现

约翰·米尔恩出生在英国利物浦。他在伦敦皇家矿业学校学习，并成为了一位矿业工程师（矿业工程师指的是负责在地下修建矿井的人。听起来很乏味，是不是？不过总得有人去做这种工作）。在约翰刚刚25岁的时候，他就已经获得了终身职位，他成为日本东京帝国工程大学地理学教授和矿业教授。很棒，不是吗？

有了新工作，我得打扮精神点儿！
瞧，这双破袜子吧！

但是有一个小小的障碍，日本离利物浦路途遥远，而约翰厌

恶远洋航行（这对于那些喜爱旅游的人来说有些不可思议。作为年轻人，他应该经常到处活动）。因此他旅程的大部分都是经由陆地，穿过了欧洲和俄国。他花费了漫长而令人疲倦的11个月才到达日本。更糟糕的是，约翰在他到达新居的第一夜，东京就遭到了一次小地震的袭击！真是个震动！而且这也不是约翰最后经历的一场地震。正如你所知道的，日本坐落在地震带上。后来约翰写道，“早餐、中餐、晚餐和睡觉时”都会有地震发生。不过暂时他还有其他的事情萦绕心头。他的新工作使他精神振奋，尤其是他必须攀登到活火山顶端去观察那些炙热的火山口，这个工作更是使他心潮澎湃。幸运的是，这些火山没有喷发，否则胆大的约翰就会送命了。然后，鬼知道地震学家将会干些什么。

1880年一场强烈的地震震撼了附近的城市横滨。这些已经足够让约翰从火山研究转而集中精力研究地震了。很快，他召集了一些志同道合的科学家举行了一次会议，并成立了日本地震学协会（从这点你可以看出来，当约翰全神贯注于某件事时，他决不会浪费时间去等待）。从那时起，就没有什么可以阻止他的工作了。研究地震成为他一生的工作。但是首先他必须找出更多关于地震的信息。问题在于，如何才能找出来？接下来，聪明的约翰灵机一动。他需要信息，而且越快越好（当时人们没有电话或者互联网）。于是，他给方圆数千米的每个邮电局都送了一捆贴好了邮票和收信人地址的明信片，所有的邮电局长或邮递员每周必须做的工作就是填好一张明信片并把它寄还给约翰，明信片上面写清楚所有关于震动的信息，他们做这事不用买邮票。约翰真是太聪明了！重要的是，这个方法奏效了！很快约翰就被邮件包裹给淹没了。到处都是明信片。根据得到的反馈，他能够绘制出每个震撼日本的震动和抖动的情况。

但是约翰还是不满意。目击者的陈述是不错，但是你不能完全依靠他们。人们往往会言过其实或是缩小事实。比方说，你可能会偶然在反馈中用“巨大的”这个词来形容一次震动的大小，而实际上自始至终你意思是指“非常小”，只是你不想你的明信片看起来过于乏味。无论如何，约翰所需要的是一台精密的机器来准确地测量地震。各种已发明的精密的仪器都不是特别令人满意。那么约翰放弃了吗？他放弃了吗？没有，他继续工作并发明了他自己的仪器。这种仪器叫做测震仪。它记录下来地震的震波，据此科学家们可以研究并测量它们。当地震发生并震动了测震仪时，一个大头针或者钢笔会描绘震动的模式并将它们记录在一张烟熏过的纸张或者玻璃上。这个仪器是卓越的，对地震的测量效果是卓越的。

获取震动信息

从约翰·米尔恩时代起，测震仪基本没有太大的变化。这一点正能体现出约翰是多么的智慧过人。但究竟这些神奇的仪器是如何工作的？你需要成为一个天才的地理学家来使用它们吗？或者甚至连你的老师都无法掌握它们？谁能比希德的叔叔杂务工斯坦更能帮助你走出困境呢？

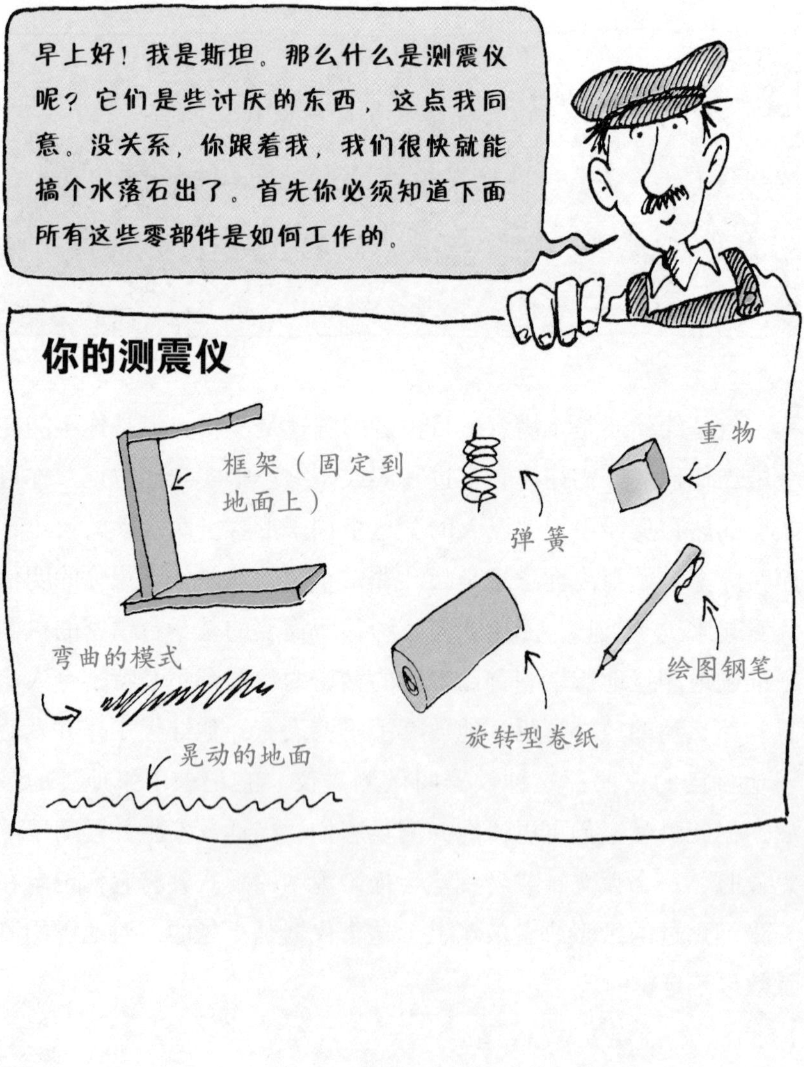

早上好！我是斯坦。那么什么是测震仪呢？它们是些讨厌的东西，这点我同意。没关系，你跟着我，我们很快就能搞个水落石出了。首先你必须知道下面所有这些零部件是如何工作的。

你的测震仪

框架（固定到地面上）

弹簧

重物

绘图钢笔

旋转型卷纸

弯曲的模式

晃动的地面

斯坦的重要提示：

如果你的测震仪不像这个，请不要担心。测震仪有许多不同的种类，有些测震仪用光柱在照相软片上记录下震动的模式，其他的测震仪通过电波或者数字技术来记录地震波的模式（在我看来，最后一种数字技术最适合于专家们使用）。

它是如何工作的？

当地面震动时，框架也开始震动，这就震动了卷纸。重物并没有移动，于是固定在框架上的钢笔就在纸上描画出震动的模式。

检查打印出来的信息

对画在纸上的弯弯曲曲的线条有一个技术性的词语叫做震动图。这些弯曲表现出一场地震的地震波。弯曲越大，震动越大。好，现在你开始解释你的震动图，你就要大功告成了。

小弯曲线条表示非常小的震动
大弯曲线条表示大的震动
P型波首先到达
S型波其次到达
L地表波最后到达

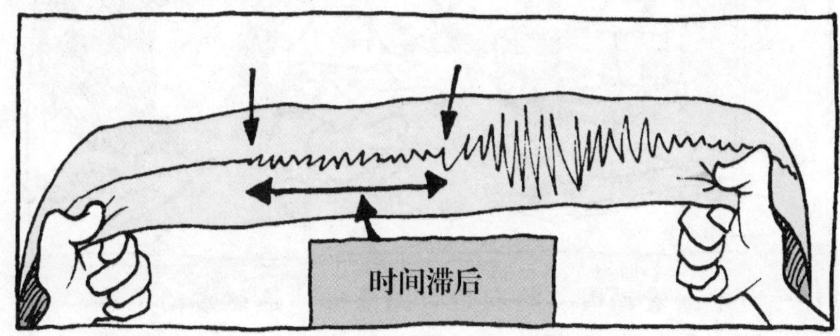

地震波的大小可用来计算出地震的大小。地震源越近，地震波越大。

斯坦的重要提示：

为了更好地读取数据，你可以试着将你的测震仪埋在地下。我自己就曾经数次在矿井中那样做过。但是别忘了定时查看测震仪，如果你还记得到哪里去把它挖出来……

世界范围的观察

约翰·米尔恩关于地震的研究持续了很多年。然而到了1895年，灾难袭来了，大火吞噬了约翰的家和他珍贵的观测所。幸运的是，约翰和他的妻子幸免于难，然而他那些极其珍贵的藏书和仪器都灰飞烟灭了。数年的辛勤工作在几分钟之内荡然无存。极度衰弱的约翰离开了日本返回英国，但是他并未停止对地震的观测。在他怀特岛的新家中，他为自己建造了一个崭新的观测所，并配备了一台崭新的测震仪，这台测震仪是众多仪器中最先进的。到1902年，约翰已经在世界各地装备了类似的观测所对地震进行24小时的监测。

如今，世界范围的标准化地震网络（缩写为WSSN）管理着世界各地所有的观测站，当地震发生的时候对它们进行测量。通过使用最新的高科技测震仪，可以在15分钟内查明一个主要地震的震中，并且发出警报……

地震史料

世界上第一个测震仪是中国人在公元130年发明的。它是由张衡——一位伟大的数学家、天文学家、地图绘制者、画家、诗人，呃，测震仪制造者制造的（是不是有人让你觉得难受了），但是它看起来一点也不像你如今所看到的任何一种测震仪。它是一个巨大的黄铜瓶，由黄铜龙和蟾蜍环绕着，每个龙的嘴里面衔着一个黄铜的球。在瓶子里面悬挂着一个巨大的钟摆。当大地震动的时候，钟摆倾斜，使得离震中最远的那个龙口中的球坠落下来，掉在蟾蜍口中。这个令人费解的装置真的奏效吗？令人不可思议的是，它真的奏效了！

请问我能拿回我的球吗？

考倒老师

如果你想严肃地从事地震学研究，你所需要的就远远不是一个测震仪了。为什么不用其他这些听起来给人印象深刻的仪器来为难一下你的老师呢？从下面这个开始吧！

小姐，我的蠕变表出毛病了！
去学校护士那里看看吧！

你究竟在讲些什么？

答案

蠕变表是一种非常有用的仪器，它被用来测量在地震前地面沿着断层移动了多少（它跟成为令人生厌的书虫和给你老师苹果没什么关系）。如果你的蠕变表的确出了毛病，那可能是因为你的路途过于颠簸了。要想成为一个真正的地震专家，你可能还需要一个应变计和斜度表。应变计测量岩石受挤压或者伸长的程度，斜度表则是计算出地面或者地面倾斜度有多少的仪器。哦，你现在已经知道这两个仪器是什么了吧！

如果你非常渴望走出去进行你的测量（你疯了吗），那现在还不要走。你的测震仪可能运转正常，但是它只能在地震结束后才能取得测量数据。因此在你出发之前，请阅读下一章，这可能是生死攸关的。

地震警示征兆

不用担心那些拥有好听名字的奇特的仪器。倘若你的新款测震仪在压力之下坏掉怎么办？那么你就遇到大麻烦了。此外，那些毁灭性的地震是非常难以预测的，连地震学家都需要得到额外的帮助。因此究竟怎样才能知道地震是否会发生以及在什么地方发生呢？到底可能不可能发现地震警示征兆呢？

你能成为地震学家吗?

地面开始震动，你吓得呆若木鸡。你刚跑到一条街上，你的房屋就倒塌了。你损失了所有的东西——你最好的运动鞋以及你收藏的珍贵的电脑游戏。但是很幸运，你还活着。只要你预先能知道将有一场地震。然后，你可能带上你的财产并迅速离开这个地方。那么会有你期待的警示征兆吗？看看下面给你的线索。地震学家认为它们可能是压力警告征兆。如果你见过它们，请在空格处做标记。

1. 怪异的水。

在地震之前，水会表现出种种怪异的现象。数月甚至数年之前，水井的水平面变得越来越低。然后突然之间，水又重新喷了起来。水表现出的其他征兆还有布满泡沫的湖泊，沸腾的海洋和不停止喷水的喷泉。下次你沐浴的时候别忘了注意看看有没有什么奇怪的迹象（还记得沐浴吗？就是那个在浴室里放着的巨大的浴盆）。

如果你见过，
请做标记。
老实泉
地震周报
如果你见过，
请做标记。

2. 喷涌而出的间歇泉。

间歇泉是指巨大的蒸汽和滚烫的水的喷射现象，它们由地下炙热的岩石将其加热到沸点，然后喷射到空中。你可以在几个固定的间歇泉处设立你的观测点。我们拿美国加利福尼亚州的老实泉来举例说明。它通常是每40分钟喷发一次，就像时钟一样有规律。但是这种规律的喷发只是在没有地震的情况下。而在地震来临之前，喷发的间隔会成倍增长，到2小时或者更多。科学家还不确定为什么会发生这种情况，但是他们可从不冒险，宁可相信它。他们用一台计算机每天24小时地监测这个间歇泉。

3. 可怕的气体。

氡是一种从地下岩石散发出来的可怕的气体。它通常渗漏到泉水和蒸气的表面。科学家们发现，在地震之前这种气体的渗漏会大大加速。可能是受到过大压力的岩石会散发出更多的氡的缘故。在1995年科比地震之前就发生过这种现象。不幸的是，这个警示的征兆被人们忽略了。

4. 令人恐惧的前震。

在一场大地震之前人们通常会经受一些小型的震动。地震学家把这些震动叫做前震。当压力积累得越来越大的时候前震就会越来越大，越来越强烈。如果发生前震，那么它们可是非常好的线索。麻烦在于有时候你根本感觉不到任何前震。即使是最小的震颤也感觉不到。或者即使你感觉到了，它们也只是微弱地结束，不造成任何损害。

5. 明亮的光。

如果天空布满了火红的亮光（并且那天根本不是节日），你一定要当心。地震可能就要到来了。在科比地震之前的1个小时，人们看到了红色的、绿色的和蓝色的闪光迅速地划过天空。这种现象的学名叫做碎积光，意思是支离破碎的光。科学家们认为这种光是由于会闪光的石英——一种在岩石中发现的坚硬的结晶物—被压碎而产生的。

噢！真美啊！
如果你见过，
请做标记。

6. 暴风雨的天气。

多年来人们都相信“地震天气”。问题在于，关于它到底是什么，人们还不能达成一致。有人说它是有着湛蓝清澈的蓝天的那种平静的天气，其他人则说它是雷电交加大雨倾盆的暴风雨天气。到底谁是正确的？恐怕谁也不对。你可以有很多种理由来埋怨天气，就像当你不能骑自行车出去的时候。但是你不能因为地震而归罪于它。

如果你见过，
请做标记。

你见过几种警示的征兆？希望你一个标记都没有做。这就意味着你是非常安全的，不必担心。

地震史料

1989年10月，加利福尼亚的一位地震学家探测到了从地下发出的电波信号。这个信号越来越强烈。然后，12天之后，洛马·普瑞塔震裂性地震就发生了。这些信号听起来是个警示吗？被震惊的科学家当然会这么认为。他认为是受到过大压力的岩石发出的这个信号（注意：在你为这个事实兴奋之前，猜猜发生了什么？对。其他讨厌的地震学家完全不相信他）。

发出警报的动物

如果你认为上面这些警示都不奏效，别担心。试试这些传统的民间传说吧。有些人说，动物在地震之前会举止怪异。科学家们认为，动物可以感受到我们听不到的从将要地震的区域周围的细小爆裂发出的非常尖锐的声响。所以，如果你的宠物猫咪不再追赶老鼠，或是你的宠物狗开始咕噜咕噜叫时，你要特别小心了。你可能就要遭受到具有威胁性的震动了。下面哪个野生动物的警示征兆太不清楚，不可能是真的？

a) 鲇鱼扭动并跳出水面。　　真 / 假

b) 老鼠恐慌四处逃窜。 真 / 假

c) 宠物猫和宠物狗走失。 真 / 假

d) 老虎之类的野生动物举止像，呃，小猫咪一样。 真 / 假

e) 蜜蜂丢掉它们的蜂房。 真 / 假

f) 虫子们爬出土地表面。 真 / 假

g) 鳄鱼不再静静地待着。 真 / 假

h) 金鱼发疯，跳出鱼缸。 真 / 假

答案

不可思议的是，这些全是真的。但是究竟是什么使得这些动物一反常态？这可能是因为它们能够听到从陆地传来的非常微弱的隆隆声。这些声音太过微弱以至于人耳根本听不见，或者是由于它们感受到了地球磁场的变化（地球内部就像一个微弱的磁场一样）。而那些扫兴的科学家会告诉你这些灾难的预兆都是一派无稽之谈。他们最好别干扰一只乖戾的鳄鱼，否则他们就可能成为它的午餐！

是爆裂的线索还是纯属巧合？

那么这些警示预兆真的奏效吗？它们是不是地震的关键线索？还是令人惊异的巧合呢？说老实话，没有简单的答案。有些时候它们是奏效的，而有些时候它们就不奏效。在地震学这个震动的世界里，你不可以完全依靠任何东西。从下面这两个震撼的故事中你就能明白这点……

幸运逃生

1975年2月4日，一场震裂性地震袭击了中国海城。但是并没有死伤成千上万的人（这个城市居住着90 000人口），有300人丧生。本来情况会更糟糕的，糟糕得多。但是在地震袭击这座城市之前的几个月，人们就开始注意到一些不可思议的预警征兆。冬眠的蛇突然醒来，睡意蒙眬地爬出它们的洞穴，尽管当时还是冬天，而蛇通常不到春天是不会醒来的。老鼠成群结队地绕着圈跑。更加明显的是，在地震前的3天时间里发生了500次前震。它们的强度累积起来等于一次大地震。幸运的是，政府决定对这些预警征兆严加注意。他们不能确切地预报出什么时候会发生地震，但是他们不准备为此冒任何危险。最后在2月4日下午2点，这个城市的居民被疏散了。人们做好了在室外的帐篷和草棚子里度过这个寒夜的准备。5个半小时之后，也就是晚上7点36分，地震袭来了……通过里科特天平的测量，这场地震达到了7.3级。疏散居民的决策正及时。

灭顶之灾

那么预警征兆获得成功了吗？我们真的可以信赖它们吗？许多地震学家将这些征兆看做是侥幸而不加理会，然而事实是成千上万的人民的生命得到了拯救却是真的，但是它本是一个幸运的猜测。地震学家对吗？18个月后，也就是1976年的7月28日凌晨3点43分，另一座中国的城市遭受到了另一场可怕的地震的袭击。

这场地震震级为7.9级。但是唐山却没有这么幸运了。这次什么警告预兆都没有，没有受惊吓的蛇，没有四散奔逃的鼠群，没有隆隆作响的前震，什么都没有。在一场持续了1分钟的短暂的地震之后，有242 000多人丧生，更多的人受了重伤。整个城市完全变成了一片废墟，这是一场极具破坏性的地震。没有人预知它的到来……

我们真的能预报地震吗？

地震能够被正确预报吗？地震学家们能否有希望比地震稍稍提前一步？你可能认为这是非常简单的问题，非常简单的问题……而它的答案却是棘手的。答案是如此棘手以至于连震裂性地震学家在这点上都无法达成一致。请听听下面这两个观点……

不！你应该知道，这可不像天气预报一样。我们无法提供精确的预测。我的意思是说，我们无法说出一场特定震级的地震将要在某个特定时间袭击某个特定地点。那不像说下周二西班牙将要下雨那么容易（连这种天气预报也并不总是正确的）。那是不可能的。我们对地球内部了解得还远远不够。此外，有些地震的袭来是没有任何警示的。因此即使是地震将要到来，我们也无法说出它们就要到来了。

是的，我们能给出一般的警报。这个世纪我们已经能够说出某个地方将要有大地震了，但是我们无法确切指出什么地点和什么时间，这一切都取决于可能性，这有点类似于你可能在这周的某个时间做你的家庭作业。这并不是非常确切的，不是吗？但是我们可以在地图上查明危险区域在哪里，因此人们有时间去做好准备。是的，这并不够，但是比什么都没有强。

如果地震学家即便是能提前给出20秒钟（对，秒钟）的警报，就会有成千上万的生命得救。但是科学家们同时也要非常谨慎，一次错误的警报后果是致命的。如果他们下令疏散人群而地震却没有到来，人们下次可能就不会相信警报了。即使他们能够预测地震，他们也无法用任何手段制止地震的发生。这点是他们可以确知的！

震中逃生

你的猫离开了家，请不要害怕，你的猫很可能是抓耗子去了，这不意味着有地震爆发。那么如果地震突然间爆发的话，你知道要做些什么吗？你准备怎么办？不知道？你很幸运，希德会指导你在地震中逃生，睡觉前一定要记得带上这份指南。

地震逃生指南

你好，我是希德。如果你住在一个地震带区，那么就得准备一下了。我总是说，小心行得万年船。时常爆发地震的地区应该进行规范的地震防范训练，这就像你在学校的时候进行的防火训练一样。当然，除非你下雨天一直站在操场上淋雨。感谢上帝，不管怎样，要在地震中确保安全状态，这里有一些重要的注意事项。

谨 记：

▶ 备齐用品。准备一整套的紧急逃生工具。你需要一个灭火器、一个手电筒（要有充足的电池）、一个急救药箱、罐装食物（要记着带开听刀和猫食——它最终也一定要回家的）、水瓶（至少要够3天喝的）、睡袋和毯子、保暖衣和结实的鞋子（能够穿过碎瓦片和玻璃）。把这些东西放在好拿的地方，并确保你家或学校班上的每一个人都知道它们在哪里。

▶ 听收音机。在你紧急逃生工具中要准备一个收音机（要带更多的电池）。在地震过后，通信可能会中断几天甚至几个星期，利用你的收音机寻求一些信息和帮助，以保持与外界的联系。

▶ 准备。确保你家或者班里的每一个人都知道要做些什么（要提前练习好）。提前安排一个会合地点，以免你们在地震后走散。

▶ 关掉煤气和电灯。地震有可能破坏煤气管道和电线，所以你需要手电筒在黑暗中照明，不要点火柴，如果煤气泄露的话，所有东西很可能在大火中烧毁。

▶ 蜷缩在结实的桌子下。如果你在学校，你可以藏在课桌下，用坐垫或者枕头蒙住你的头，并且用胳膊盖住你的脸，这样做可以避免你的头和眼睛遭到碎玻璃和飞来物品的袭击；要紧紧地抓住桌腿，直到震动停止后才能移动。记住，躲避、掩护和抓住固定物（如果你远离桌子，那么就站在门口。门框是相当结实的）。

切忌:

▶ 往外冲。等到房子停止摇动后，你再冲出去，否则你有可能被飞来的玻璃和碎片打到。总的原则是：如果你在里面，就待在里面。如果你在外面，那么就待在外面。

▶ 走楼梯。如果你住在楼房，或者你在学校，那么远离楼梯。要走楼梯的话，至少也要等到地震过后，因为你很容易摔倒或被倒塌的楼梯压伤。不管发生什么，不要乘坐电梯。如果停电了，你会被困在里面。

▶ 站在楼旁。一旦震动停止，你就可以出去，找一个开阔的场地，远离高楼、大树、烟囱、电线和任何有可能砸到你的东西。

▶ 开车。至少也要等到地震停止后。如果你在车里，那么减速并停到一个开阔的地方，留心掉下来的石块和塌方。还有，不要停在任何离桥近的地方。如果在桥上，桥有可能连带你一起倒塌下去。在车里待着，直到地震停止。

▶ 打电话。在地震结束后的最初几天，不要使用电话，除非是非常非常紧急的事情。但是，即使如此，也不要和你的朋友在电话中聊天，这样很可能占用了电话线，阻碍了紧急电话的畅通。

地震营救

哟！以上的准备你都做好了吗？能在地震中逃生是非常幸运的。在一次大地震过后，成百上千的人会在灾难中受伤甚至死亡，很多人被埋在倒塌的建筑下，营救队员们没有时间可以浪费。这是一个相当冒险的工作，一幢大楼随时都有可能倒塌而砸到营救队员，特别是那些小的余震的撞击。除此之外，他们可能只有一些诸如镐、铁锹等工具，甚至有的救援者不得不徒手工作。为了和时间赛跑，他们会使用一种先进的探测设备。这种设备形状像摄像机，它可以探测出人的体温和声音（这个时候狗是非常有用的，它不是什么高科技，但它可以灵敏地嗅出幸存者的位置）。营救队员们知道他们必须快速工作。被困的受害者在没有足够的空气和水的情况下，也许只能活几天，对某些人来说，在营救人员到来的时候已经太迟了。但是，也并不总是这样，有时候也会有奇迹发生。最典型的例子就是在墨西哥城发生的那次地震。

地震档案

日 期：1985年9月19日
地 点：墨西哥 墨西哥城
时 间：早上7点18分
震 时：3分钟
震 级：8.1级
死亡人数：10 000人
骇人听闻的事实：

▶ 震中距海岸400千米的位置。地震爆发1分钟后，巨大的海浪就冲进了城市。

▶ 第二次巨大的震动爆发在36小时以后，地震所波及的范围震级达到7.5级。

▶ 墨西哥城市中心遭受到强烈的震动，成百上千的建筑被毁坏。

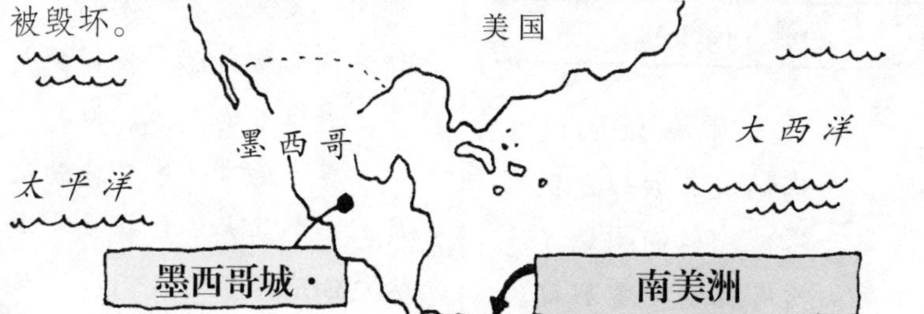

环球日报

1985年9月29日 墨西哥城

地震营救中的奇迹——幸存婴儿

地震摧毁城市10天后，救助队员们都在欢呼着一个奇迹，那就是两个刚刚出生的婴儿，从被毁的医院中救出后仍然活着。一位医生在对婴儿进行检查后告诉我们，这简直是个奇迹，你们知道小孩子的生命力是非常旺盛的。当他们遭到大的震动时，他们可以减缓自己的新陈代谢，就像动物冬眠一样。用这种自我调节的办法，婴儿可以在没有食物和水的情况下，存活相当长的时间。

噢，孩子！

婴儿非常幸运地逃生了，而他们出生的妇产医院却像一张纸片似的倒塌了，医院的所有器具设备都被毁坏了，大约有1000名医生、护士和病人被压在倒塌的地下。

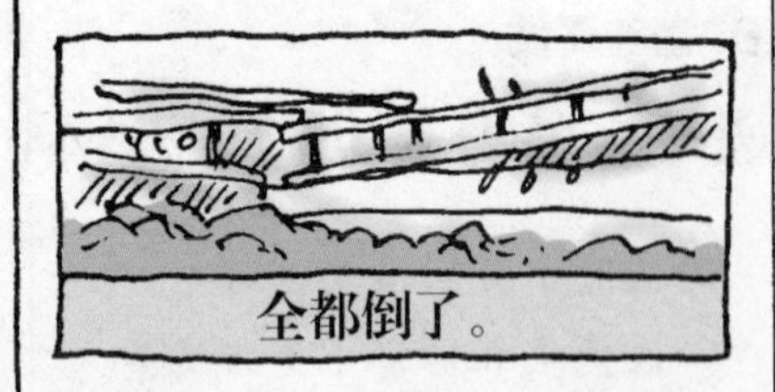
全都倒了。

这样的摧毁发生在城市的各个角落。自从地震爆发

动物营救。

后，营救队员们昼夜忙碌救助幸存者，精疲力竭。随着时间一天天过去，他们的工作变得非常残酷，找到的大多是遇难者的尸体。但是，幸存婴儿的事情给了救助队员们一个莫大的鼓舞。一位队员含着泪告诉我们："孩子的奇迹，就像是一片苦难黑暗中寻找到的希望灯塔，我们本来几乎放弃了再找到幸存者的希望，小婴儿给了我们强大的力量，使我们继续寻找下去。"

地震史料

1999年8月，土耳其爆发了7.4级的大地震，有5人侥幸脱险。当地震爆发的时候，他们正好被困在倒塌建筑的地下室里，他们用移动电话呼叫到了地震救助队，不久他们就被救了出来，当然还是受了伤，但幸运地活了下来。

防震建筑

在地震中，除了建筑倒塌，出现人员死亡并不奇怪。那么，我们怎样才能使这种危险不再发生？建筑师和工程师一直对这个问题进行研究，他们试图建造一种可以防震的大楼，以便在地震中屹立不倒。

房屋出租

房屋晃动吗？

墙会开裂吗？

你可以完全相信防震房屋吗？

未来谁会知道……

轰隆隆的、破碎倒塌的建筑物

要小心谨慎

提示：如果你的房屋倒塌的话，请不要责怪我们，我们不能保证这里没有地震发生。防震房屋根本就不存在。再重申一次，房屋不可能防震，不好意思。

你想使你的房屋能够抵挡住震动，在地震中屹立不倒吗？不相信那个小广告吗？为什么不亲自动手实验一下呢？从这个满是灰尘但非常有用的自我制作指导中，了解到你需要做的事情。如果你不知道怎么做的话，不要着急，希德的叔叔斯坦会给你更多的提示和建议。

初学建筑

第一课 为什么建筑物会倒塌？

在你懂得如何让你的房子在地震中屹立不倒之前，你需要先知道它为什么会倒塌。

你需要：
▶ 一个装有橙汁*的小塑料瓶（作为房子）
▶ 一张卡片（作为地面）
做法：
① 把瓶子放在卡片上。
② 前后慢慢地推动卡片。
③ 再快速地做一遍。
④ 以一种适中的速度做一遍。

发生了什么？

a）瓶子轻轻地摇摆，但是没有倒。

b）瓶子晃动摇摆了几下也没有倒。

c）瓶子晃动得很厉害并且倒了。

答案

这取决于你推卡片的速度。如果你慢慢地推，瓶子轻微地晃动，但不会倒；如果你快速地推动，它的头部会摇摆，但也还是会站住；但是，如果你以介于两者之间的速度来推这张卡片的话，那么瓶子就会倒。那是因为它与卡片的震动频率**相同，这就像是地震爆发一样。如果一个建筑物的震动频率和地面完全一致的话，它很快就会倒塌。

★ 当你学习完这章后，你可以把橙汁喝掉，自己动手是件很辛苦的事情。不要用汽水做实验，因为当你打开瓶的时候，它会喷得纸上到处都是，弄得一团糟。

★★ 频繁由机械运动而产生的地震波，每秒钟都会冲击到建筑物。

斯坦的第一点提示：

当你准备要建筑房子的时候，挑选房屋形状要非常仔细，看一看这两个笨重的建筑，你认为哪一个会在地震时表现得比较出色呢？

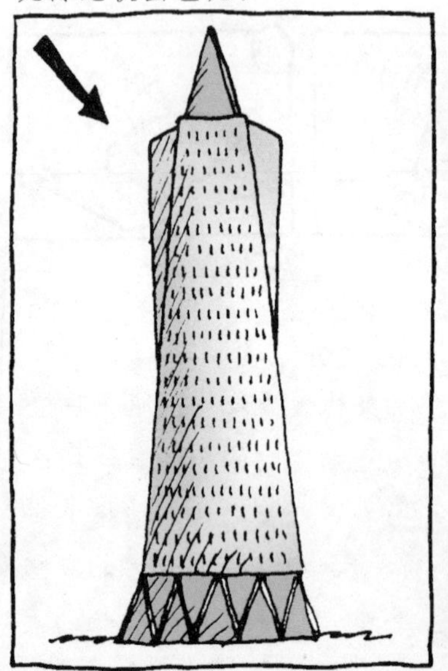

不知道？事实上，这两个建筑都会很棒。左边锥形的建筑在一次地震中，表现得非常好，这种特别的形状经受住了1989年在旧金山的洛马普列塔地震的考验。它有49层，但它在地震中只是轻微晃动了一下，没有倒塌。右边的蜂窝形建筑也很出色，它矮矮胖胖的，可以保持它的底部牢牢地抓住地面。

第二课 阻止震动

好，你已经知道了为什么建筑物在地震中会倒塌，但是你如何保持它屹立不倒呢？第一件你必须要做的事情就是减震。如果你的房屋震动得不厉害，那么它基本上不会倒塌。这里有一整套方法供你使用，你自己亲自尝试去做一做，你可以的……

▶ 安装一个减震器。减震器是一个巨大的橡胶垫子，用于吸收地震波。你把它安装在墙内，可以降低震动强度。它在旧金山地震中已被用在金门大桥上。如果再有一次地震爆发的话，它们可以阻止路面震裂，防止整个塔的倒塌（这并不是运气）。

▶ 制作一些“三明治”。不，不是让你加一些奶酪和金枪鱼做三明治。这种“三明治”是由厚厚的橡胶层和钢板组成，想象一下这种材料，你的斧子能砍断吗？把这种“三明治”装在你建筑物的地基中，它们可以支撑住整个建筑并可以阻挡住震动。

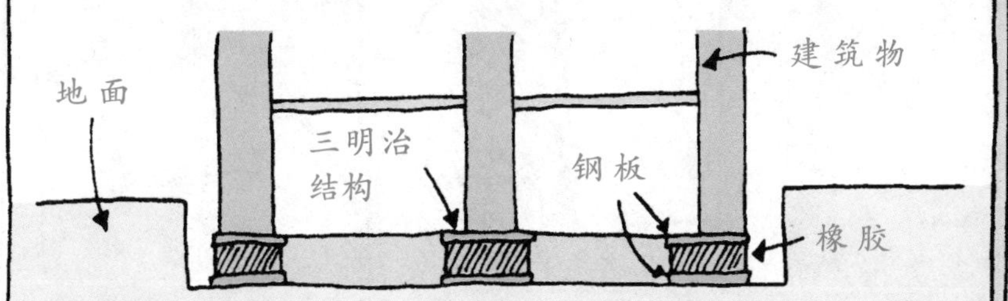

▶ 重心降低。一些多层高楼的顶部很重，也可以称它们为头重脚轻，哈哈！这种重量的设计是经过科学计算的。当地震袭击的时候，建筑会向地震来到的反方向轻微摇动，但它保持住了平衡。怎么样，很棒吧！但这非常的贵。如果你资金不足的话，这就不太适合你。

▶ 贴墙纸。对，贴墙纸。但这并不是你从外婆家拿到的那些花墙纸，这不像你以前见过的那些墙纸，你的外婆一定不喜欢那东西，它看起来像一卷黑亮的塑料制品。你把它贴在墙上并晾干，它看上去就像普通的墙纸一样，除了材料，没什么不一样的。当它干了以后，它就比钢铁还坚硬17倍，那是非常坚韧的材料。这样，在地震爆发的时候，你的房子就不会倒塌。

▶ 清扫车库。如果你打算在你的房子下面建一个车库，请考虑清楚，像车库这么大的空间，会使你的房屋地面非常不牢固。如果你已经有了一个车库，清理出废弃的旧物

（实际上，它们一点都不重要，但你的父母就愿意留着它们），然后在你车库的地基中安装多个巨大的弹簧，它们会在震动中弹起，然后在地震停止后，它也停在原地，而你的房子不会倒塌。

斯坦的第二点提示：

建筑房屋的最好材料是一些木料或者钢筋混凝土之类的东西，这种材料会有一定的弹性，不要用那些易碎的砖和中空的材料。如果震动的强度厉害一点，它们就被毁坏了。如果我是你的话，我会选择使用防震玻璃。

第三课 测试你的房屋

到了最关键的时刻了，难道说你在房屋内安装了防震设备，它就不会倒塌吗？只有你真正体验了现实中地震的威力，你才能这样讲。但是，谁也不想遇到真正的地震。那么，你到底该怎么做呢？这里专家给了一些建议：

第一步，制作一个你房子的模型，不需要一模一样大，按比例缩小就可以了。

第二步，找一个摇动的桌子，不是那种少了腿的，这是一个高科技设备，就是为了检验房屋在地震中是否会倒塌。它非常贵，所以你可以向专家借。

第三步，把你的房屋模型放到那个摇动桌上，然后使桌子开始晃动（记住，你自己不要晃动它，有一台电脑可以代你控制它，有一套特别的程序控制桌子晃动）。

第四步，停止以后看看发生了什么。如果你的“房子”倒了，那么再来一遍（这一次你要严格按照所有的说明提示进行）。如果你的“房子”没有倒，祝贺你！你显然是位制作防震建筑的高手。

斯坦的第三点提示：

在墙上安装衣柜和碗橱是非常实用的，它们在地震爆发的时候不会砸到你。但你也需要在你的碗橱上安装上门闩。最后要做的就是把那些尖头罐头放在碗橱里，以防止它们掉下来砸到你。如果你找不到你需要的东西，可以去专门的地震用品公司，它可以提供任何你需要的东西。

第四课 选择你的建房地点

仔细选择你的建房地点，有些土地是不牢固的，不要选择那种湿湿的、软软的土地，那简直是自找麻烦。当这种土地受震摇晃的时候，里面的水就会上升至地表，使土地变成泥浆。你不要把房屋建在这种土地上。我的意思是，你尝试过把勺子立在摇摇晃晃的面糊中吗？

1985年在墨西哥城地震中就发生过这样的事。这个市区建筑在一个干涸的湖底上。实际上，这种地面非常不牢固，当地震爆发的时候，湖底就变成了一片泥糊，许多建筑物就直线地塌了，其他的也倾斜了。更为糟糕的事是，这个湖底的形状就像个碗，你觉得会怎么样呢？是的，这种形状使得地震波更加强大，它所造成的损失与破坏要严重许多倍。

那么，什么样的土地最适合建造房屋呢？一些坚硬的土地将是最好的选择。

斯坦的第四点提示：

你一定要按照当地的建房法规建房，许多易于发生地震的城市都有这样的规章制度。问题是，建筑防震的房屋是一件耗资非常大的工程，一些建造者削减资金、破坏制度，他们不用合适的材料，而是用一些便宜的质量较差的材料，这使他们建筑的房屋变成了杀手。另外，在一些贫穷的国家，许多人住不起好的防震的建筑，他们最终只能住在不安全的房子里。这是一个非常严重的问题。

大地会一直摇动，不是吗？但这并不意味着前途一片黑暗。全世界的地震学家、建筑师和工程师都在刻苦地工作，以使得地震地区变得更加安全。他们会成功吗？谁知道，他们现在能做的唯一的事情就是把他们新的建筑物拿到下次地震中接受检验。

一个震动的未来

未来的地震会更厉害吗？还是未来将不会再有地震爆发？让我们看看几位重要的地震学家是怎么说的。噢，天啊，他们还在争吵。

如果你认为未来会有地震爆发，那么注意了，它们会来得更猛烈。这次大地震随时都有可能爆发，相信我，它是一次大的地震，它会在哪里爆发呢？很难讲。机会主义思想总是有危险的，这种危险已经安静地潜伏了几个世纪，它会不停地增大，直到突然达到了一个临界点，巨大的地震便爆发了。这次大地震已经拖延了很长时间了。救我！救我！哪里有桌子让我躲藏？

不要听他们的，不可能再有大地震爆发。地震已不像原来爆发的那样频繁，他们仅仅是在那里纸上谈兵。现在我们这些科学家更为仔细地关注地震仪，所以我们很容易地对一些小的地震进行预先定位。如果需要的话，我们可以在地震爆发几年前就准确地预测到。我们现在正在进行更多的关于地震预测方面的研究。所以，即使我们不能战胜它，我们也可以学会与它共存。噢，你完全可以从桌子底下爬出来。

你看，甚至连科学家们也没有一个明确的答案。但是即使这样，你也不需要挖开地面，来看看你的学校是否建造在稳固的地面上（这也不能使你摆脱困惑，傻瓜）。这就像你在课堂上读这本书时，你的老师对你的批评就像是1千克的砖压在你头上，这比地震到来更可怕。当然，你从来都不会知道会有什么样的震动爆发，是不是？你只能等待。恐怕，这就是地震的本性。

“经典科学”系列（26册）

肚子里的恶心事儿
丑陋的虫子
显微镜下的怪物
动物惊奇
植物的咒语
臭屁的大脑
神奇的肢体碎片
身体使用手册
杀人疾病全记录
进化之谜
时间揭秘
触电惊魂
力的惊险故事
声音的魔力
神秘莫测的光
能量怪物
化学也疯狂
受苦受难的科学家
改变世界的科学实验
魔鬼头脑训练营
“末日”来临
鏖战飞行
目瞪口呆话发明
动物的狩猎绝招
恐怖的实验
致命毒药

“经典数学”系列（12册）

要命的数学
特别要命的数学
绝望的分数
你真的会＋－×÷吗
数字——破解万物的钥匙
逃不出的怪圈——圆和其他图形
寻找你的幸运星——概率的秘密
测来测去——长度、面积和体积
数学头脑训练营
玩转几何
代数任我行
超级公式

“科学新知”系列（17册）

破案术大全
墓室里的秘密
密码全攻略
外星人的疯狂旅行
魔术全揭秘
超级建筑
超能电脑
电影特技魔法秀
街上流行机器人
美妙的电影
我为音乐狂
巧克力秘闻
神奇的互联网
太空旅行记
消逝的恐龙
艺术家的魔法秀
不为人知的奥运故事

“自然探秘”系列（12册）

惊险南北极
地震了！快跑！
发威的火山
愤怒的河流
绝顶探险
杀人风暴
死亡沙漠
无情的海洋
雨林深处
勇敢者大冒险
鬼怪之湖
荒野之岛

“体验课堂”系列（4册）

体验丛林
体验沙漠
体验鲨鱼
体验宇宙

“中国特辑”系列（1册）

谁来拯救地球